KB178859

오일러가 들려주는 **최적화 이론** 1 이야기

수학자가 들려주는 수학 이야기 23

오일러가 들려주는 최적화 이론 1 이야기

초판 1쇄 발행일 | 2008년 6월 18일
초판 20쇄 발행일 | 2024년 9월 1일

지은이 | 오혜정
펴낸이 | 정은영

펴낸곳 | (주)자음과모음
출판등록 | 2001년 11월 28일 제2001-000259호
주소 | 10881 경기도 파주시 회동길 325-20
전화 | 편집부 (02)324-2347, 경영지원부 (02)325-6047
팩스 | 편집부 (02)324-2348, 경영지원부 (02)2648-1311
e-mail | jamoteen@jamobook.com

ISBN 978-89-544-1566-8 (04410)

23 수학자가 들려주는 수학 이야기

오일러가 들려주는 최적화 이론 1 이야기

| 오 혜 정 지음 |

(주)자음과모음

수학자라는 거인의 어깨 위에서

보다 멀리, 보다 넓게 바라보는 수학의 세계!

수학 교과서는 대개 '결과' 로서의 수학을 연역적으로 제시하는 경향이 강하기 때문에 학생들은 수학이 끊임없이 진화해 왔다는 생각을 하기 어렵습니다. 그렇지만 수학의 역사는 하나의 문제가 등장하고 그에 대해 많은 수학자들이 고심하고 이를 해결하는 가운데 새로운 아이디어가 출현해 온 역동적인 과정입니다.

〈수학자들이 들려주는 수학 이야기〉는 수학 주제들의 발생 과정을 수학자들의 목소리를 통해 친근하게 이야기 형식으로 들려주기 때문에 학생들이 수학을 '과거 완료형' 이 아닌 '현재 진행형' 으로 인식하는 데 도움이 될 것입니다.

학생들이 수학을 어려워하는 요인 중의 하나는 '추상성' 이 강한 수학적 사고의 특성과 '구체성' 을 선호하는 학생의 사고의 특성 사이의 괴리입니다. 이런 괴리를 줄이기 위해서 수학의 추상성을 희석시키고 수학 개념과 원리의 설명에 구체성을 부여하는 것이 필요한데, 〈수학자들이 들려주는 수학 이야기〉는 수학 교과서의 내용을 생동감 있게 재구성함으로써 추상적인 수학을 구체성을 갖는 수학으로 변모시키고 있습니다. 또한 중간중간에 곁들여진 수학자들의 에피소드는 자칫 무료해지기 쉬운 수학 공부에 있어 윤활유 역할을 할 수 있을 것입니다.

〈수학자들이 들려주는 수학 이야기〉의 구성을 보면 우선 수학자의 업적을 개략적으로 소개하고, 6~9개의 강의를 통해 수학 내적 세계와 외적 세계, 교실 안과 밖을 넘나들며 수학 개념과 원리들을 소개한 후 마지막으로 강의에서 다룬 내용들을 정리합니다. 이런 책의 흐름을 따라 읽다 보면 각 시리즈가 다루고 있는 주제에 대한 전체적이고 통합적인 이해가 가능하도록 구성되어 있습니다.

〈수학자들이 들려주는 수학 이야기〉는 학교 수학 교과 과정과 긴밀하게 맞물려 있으며, 전체 시리즈를 통해 학교 수학의 많은 내용들을 다룹니다. 예를 들어 《라이프니츠가 들려주는 기수법 이야기》는 수가 만들어진 배경, 원시적인 기수법에서 위치적 기수법으로의 발전 과정, 0의 출현, 라이프니츠의 이진법에 이르기까지를 다루고 있는데, 이는 중학교 1학년의 기수법의 내용을 충실히 반영합니다. 따라서 〈수학자들이 들려주는 수학 이야기〉를 학교 수학 공부와 병행하면서 읽는다면 교과서 내용의 소화 흡수를 도울 수 있는 효소 역할을 할 수 있을 것입니다.

뉴턴이 'On the shoulders of giants'라는 표현을 썼던 것처럼, 수학자라는 거인의 어깨 위에서는 보다 멀리, 넓게 바라볼 수 있습니다. 학생들이 〈수학자들이 들려주는 수학 이야기〉를 읽으면서 각 수학자들의 어깨 위에서 보다 수월하게 수학의 세계를 내다보는 기회를 갖기를 바랍니다.

홍익대학교 수학교육과 교수 | 《수학 콘서트》 저자 **박 경 미**

책머리에

위대한 수학자와의 만남을 통해 수학의 참맛을 느껴 볼 수 있는 오일러의 '최적화 이론 1' 이야기

어느 날 갑자기 건우는 가족들과 친구들, 선생님이 무엇을 하고 있는지, 어떤 생각을 하는지가 궁금하여 살펴보기로 하였습니다.

건우는 부모님과 함께 할 여행을 준비하기 위해 여행 일정을 계획하고 여행 비용 등을 따져보고 있습니다.

신도시의 주택가 도로 건설 업무를 맡은 아빠는 각 집에 접한 도로가 서로 연결되면서도 회로가 생기지 않게 하여 건설 비용을 최소화하는 방법을 찾고 있습니다.

6곳의 독거노인 방문 자원봉사를 하러 다니시는 엄마는 같은 길을 단 한 번씩만 지나 모든 집을 다 돌 수 있는 방법을 생각하고 계십니다.

초등학생인 동생 민우는 서울시의 25개 구를 서로 다른 색으로 칠하여 구별하기 위해 최소 몇 개의 색이 필요한지를 알아보는 숙제를 해결해야 합니다. 보다 간편한 방법을 알지 못하는 민우는 25개나 되는 지역을 모두 색칠해야 한다는 생각에 끙끙대며 지도에 색칠을 해 보고 있습니다.

친구 다은이는 축제에서 친구들과 함께 공연할 연극 연습 일정, 관객 동원 및 무대 설치에 대한 여러 작업들에 대해 계획을 세우고 있습니다.

금요일은 우리 반 아이들이 국립중앙박물관에 체험학습을 가는 날입니다. 그런데 국립중앙박물관이 너무 넓어 하루에 모든 것을 다 관람할 수가 없습니다. 그래서 선생님께서는 주어진 시간 동안 알차면서도 최대한 많은 것을 관람할 수 있는 이동 경로를 찾고 계십니다.

이렇게 사람들은 일상생활 속에서 항상 계획을 하며 살아갑니다. 업무를 볼 때 역시 효율적이고 최적화된 일정 및 방법을 생각하며 추진합니다. 자장면을 배달할 때나 교통신호 등을 점검할 때, 쓰레기 수거 차량을 운전할 때, 항공망, 통신망 등등 모두 한 지점에서 다른 지점까지의 거리, 시간, 비용을 최소화하는 일에 큰 관심과 노력을 기울입니다.

그러나 합리적인 계획을 수립하는 일이나 비용을 최소화하는 일은 그리 쉽지 않습니다. 수학적 모델은 이러한 합리적인 계획을 수립하여 실생활의 문제를 해결하는 데 많은 도움을 줍니다. 특히 그래프 모델을 이용하여 문제 상황을 간단히 나타내는 것은 수학적 지식을 이용하여 해결하기에 앞서 문제 상황을 가시화하고 이를 통해 문제의 해결책을 모색하도록 하는 데 도움을 줍니다. 이 과정은 수학이 딱딱하고 어렵고 재미없다고 생각하는 학생들이나 수학적 배경이 약한 학생들에게 수학에 능동적으로 참여할 수 있는 기회를 제공할 수도 있습니다. 그렇다고 아예 수학을 배제하는 것은 아닙니다. 여러 가지 문제를 해결하기 위하여 수학의 개념과 기술을 이용하기 때문에 학생들로 하여금 보다 더 수학을 잘 이해하여 즐거움을 느끼도록 합니다. 1991년 미국 수학교사 협의회NCTM에서 설정한 'K-12 교육 과정'에서는 그래프가 어려운 문제를 이해하는 데 도움을 주며, 컴퓨터 프로그램의 중요한 기초이면서 수학적이고, 흥미가 있으며 실생활 어느 곳에나 존재하므로 중등학교에서 그래프를 지도하는 것이 당연하다고 주장하기도 하였습니다.

이 책에서도 그래프이론이 실생활과 관련된 많은 문제를 표현할 수 있는 수학적 모형임을 인식시키려고 하였으며, 이 책을 읽는 독자들로 하여금 주변에서 그래프로 나타낼 수 있는 다양한 상황을 문제화하여 경험해 보도록 하였습니다.

수학의 가치가 복잡한 계산에 있지 않고, 원리의 이해와 논리적 사고력을 키우는 데 있다는 점은 누구나 알고 있습니다. 하지만 그 방법이란 것이 항상 문제입니다. 그런 면에서 이 책은 학생들이 어떻게 하면 수학의 원리를 이해하고 '수학의 즐거움' 을 느낄 수 있을지에 대한 방법을 추구한다는 점에서 큰 매력이 있습니다. 이 책만이 줄 수 있는 단맛이란 바로 수학의 원리가 책 속에 갇혀 있지 않고 실생활에 녹아 있으며, 다시 그 안에서 학생들 각자가 수학을 '재발견' 하도록 하고 있다는 것입니다.

복잡한 식과 계산의 무게에 짓눌려 어깨에 잔뜩 힘만 주고 있는 학생 여러분! 여러분에게 수학은 결코 친해질 수 없는 두통거리인가요? 두통을 앓으면서 오랜 시간을 버티느니 어깨에 힘을 빼고 그 대상을 즐겨 보는 것은 어떨까요!

2008년 6월 **오 혜 정**

차례

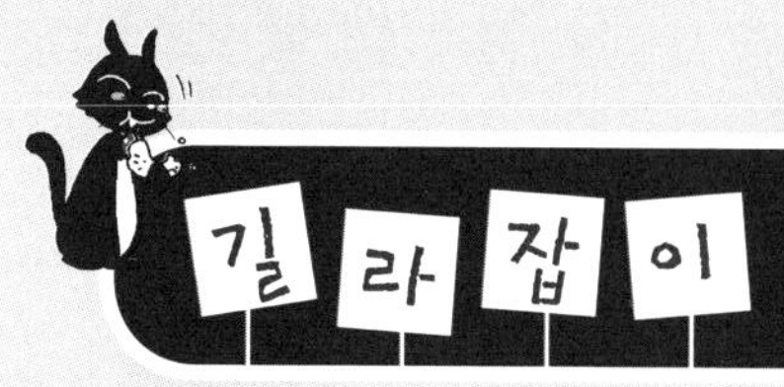

1 이 책은 달라요

《오일러가 들려주는 최적화 이론 1 이야기》는 우리가 일상생활에서 접하게 되는 복잡한 문제들을 보다 단순한 수학적 모델 중 하나인 그래프로 표현하는 방법에 대해 알려줍니다. 또한 오일러 회로, 해밀턴 회로, 수형도에서 주요 알고리즘을 활용하여 문제를 해결하는 방법을 알려주고, 그래프의 행렬 표현, 색칠 문제를 통한 그래프 개념을 활용하여 실생활의 문제 상황을 수학적으로 사고하고 해결하도록 합니다.

그래프는 문제 상황을 보다 체계적으로 조직해 주기 때문에 사회, 경제, 과학 등 다양한 분야에서 광범위하게 활용됩니다. 실제적이고 다양한 문제를 오일러 선생님의 명쾌한 강의와 잘 안내된 체험활동을 통해 해결해 가는 과정에서 그래프이론에 대한 이해를 넓히는 것은 물론, 그래프이론 자체가 수학의 한 영역이면서 실생활의 문제 해결 및 타 영역에 널리 응용될 수 있는 활용의 도구가 된다는 것을 알게 됩니다.

2 이런 점이 좋아요

1 이 책에서 다루는 그래프이론은 일반적인 수학 내용보다 새로운 수학적 모형이기 때문에 많은 학생에게 흥미를 불러일으키는 데 도움이 됩니다.

2 그래프를 이용하여 여러 가지 서로 다른 실제 세계를 모형화할 수 있고, 그러한 세계에서 일어나는 여러 문제를 해결할 수 있게 해 준다는 것을 알 수 있습니다. 이를 통해 학생들은 여러 가지 모형 속에서 각 요소들의 수학적 연관성을 찾아볼 수 있고, 거기에서 전체 상황 속에 내재하는 구조를 볼 수 있게 됩니다.

3 그래프이론을 공부함으로써 문제 해결력을 향상시킬 수 있습니다. 문제 해결이란 정확한 해결의 방법을 쉽게 얻을 수 없는 상황에서 다양한 지식과 정보, 자료를 이용하여 답을 찾는 행위입니다. 최근의 수학 학습에서도 문제 해결력의 신장을 강조하고 있습니다. 문제 해결의 과정에서 우선적인 것은 주어진 문제의 상황을 수학적으로 어떻게 조직할 것이냐 하는 것입니다. 학생들은 그래프를 이용함으로써 문제 상황을 수식으로 표현하기 이전에 주어진 문제를

그래프 문제로 변형한 후 복잡한 문제 상황을 비교적 단순화된 그래프의 형태로 새로이 표현하여 그로부터 문제를 수학적으로 해결하게 됩니다.

3 교과 과정과의 연계

구분	단계	단원	연계되는 수학적 개념과 내용
초등학교	4	규칙성과 문제 해결	• 단순화하기, 규칙 찾기
	6	확률과 통계	• 경우의 수
중학교	7	기본도형, 평면도형, 입체도형	• 점 · 선 · 면의 성질, 다면체
	8	확률과 통계	• 경우의 수
고등학교	수학 I	행렬	• 행렬의 뜻과 연산

4 수업 소개

첫 번째 수업_여행자의 수학, 최적화 이론

가능한 모든 여행 코스를 그림으로 그려 따져 봄으로써 비용을 최소화하는 최적화의 의미에 대해 알아봅니다.

- 선수 학습 : 복잡한 문제 상황을 단순하게 나타내기, 경우의 수

• **공부 방법 :** 여행 계획을 세우면서 가능한 모든 여행 코스를 직접 그림으로 그려 나타내어 경비를 최소화하는 여행 코스를 찾아봄으로써 최적화의 의미를 이해합니다.

• **관련 교과 단원 및 내용**

– 초등학교나 중학교, 고등학교의 읽을거리 자료 및 수리논술 자료로 활용할 수 있습니다.

두 번째 수업 _ 점과 선의 무한도전, 그래프

지하철 노선도는 지하철을 타는 승객이 필요로 하는 'A 지점에서 B 지점으로 가려면 몇 호선을 타야 하는지' 또 '어디에서 갈아타야 하는지'를 최대한 단순화시켜 나타낸 그래프라 할 수 있습니다. 이와 같이 실생활의 여러 가지 상황에서 주어진 상황을 최대한 단순화시켜 꼭 필요한 내용만을 그래프로 간결하게 표현하는 방법에 대해 알아봅니다.

• **선수 학습 :** 점과 선, 폐곡선, 리그전과 토너먼트를 나타내는 그림

• **공부 방법 :** 서울시의 문화유적지 및 관광지의 답사 코스를 정하는 과정에서 꼭 필요한 것만을 발췌하여 그래프를 그리는 방법에 대해 알아봅니다. 이 과정에서 그래프를 이용하면 주어진 상황이나 관계를 단순화시킬 수 있어 보다 편리하게 해석할 수 있거나 문제를 해결할 수 있음을 알게 됩니다. 또 꼭짓점의 위치와 변의 개수에

따라 다양한 그래프가 그려지게 됨을 이해하며, 그래프의 여러 가지 성질에 대해서도 공부합니다.

- **관련 교과 단원 및 내용**

  - 중, 고등학교 수리논술 자료로 그래프의 의미에 대해 생각해 보도록 하고, 문제 상황에 따라 다양한 그래프를 그릴 수 있음을 알게 합니다.
  - 중학교 1학년 '기본도형' 단원에서 다루는 점과 선의 의미와 비교해 보고, 그 차이점에 대해 생각해 봅니다.

세 번째 수업_모든 변을 한 번씩! 오일러 회로

신문 배달, 도로 청소 차량, 제설 차량, 쓰레기 수거 차량의 이동 경로, 여행 경로, 도로망 관리를 위해 모든 도로를 꼭 한 번씩만 지나면서 이동하게 되면 같은 길을 중복해서 지나는 것보다 비용을 줄일 수 있습니다. 이 수업에서는 주어진 그래프의 모든 변을 정확히 한 번만 지나가는 회로인 오일러 회로와 오일러 회로를 찾는 방법에 대하여 알아봅니다.

- **선수 학습** : 키르히호프
- **공부 방법** : 한붓그리기를 이용하여 쓰레기 수거 차량의 효율적인 이동 경로를 알아보고, 한붓그리기의 의미를 이해합니다. 또 이 한붓그

리기와 관련하여 오일러 경로와 오일러 회로가 존재하기 위한 조건을 탐색해 봅니다. 특히 오일러 회로가 존재하지 않는 그래프는 몇 개의 변을 추가로 그려줌으로써 오일러 회로를 갖게 만들 수 있는데 어떻게 하는 것이 효과적인지를 생각해 봅니다.

• **관련 교과 단원 및 내용**

– 한붓그리기가 되는 조건을 탐색하고 한붓그리기와 오일러 경로, 오일러 회로 사이의 관계에 대해 알아보도록 함으로써 중, 고등학교 수리논술 자료 및 초, 중학생의 영재 교육 자료로 활용할 수 있습니다.

네 번째 수업 _ 모든 꼭짓점을 한 번씩! 해밀턴 회로

오일러 회로와 달리 주어진 그래프에서 모든 꼭짓점을 오직 한 번씩만 지나면서 출발점으로 돌아오는 해밀턴 회로와 그 활용에 대하여 공부합니다.

• **선수 학습** : 다면체, 정다면체, 암산 천재 콜번, 뉴턴의 대작《프린키피아》

• **공부 방법** : 택배 회사 직원의 효율적인 택배 배달 경로를 알아보는 과정에서 해밀턴 회로와 해밀턴 경로에 대해 공부합니다. 연결된 그래프에서 해밀턴 회로는 여러 가지가 있을 수 있지만 오일러

회로와 달리 해밀턴 회로가 존재하는 일반적인 조건은 없습니다. 하지만 해밀턴 회로를 갖는 특별한 그래프에 대해 알아봅니다. 또 순회 판매원 문제라 할 수 있는 최소 시간 택배 배달 경로 문제를 해결하기 위해 두 가지 방법으로 최소 시간 해밀턴 회로를 찾아봅니다.

- **관련 교과 단원 및 내용**

– 주어진 그래프에서 해밀턴 회로를 찾아보고 여러 활용문제를 해결해 보도록 함으로써 중, 고등학교 수리논술 자료 및 초, 중학생의 영재 교육 자료로 활용할 수 있습니다.

다섯 번째 수업 _ 회로를 거부하는 그래프, 수형도

가계도와 같이 회로를 갖지 않으면서 연결된 그래프인 수형도와 그 성질에 대하여 공부하며 또한 실생활에서의 수형도의 활용에 대하여 공부합니다.

- **선수 학습** : 가계도, 케일리
- **공부 방법** : 가계도와 컴퓨터의 파일 기억장치인 디렉토리를 탐색하면서 수형도의 의미에 대해 알아보고, 수형도를 살펴보면서 수형도의 여러 가지 성질을 찾아봅니다. 또 케일리가 포화 탄화수소 화합물을 연구하는 과정에서 수형도를 어떻게 도입했는지에 대해

서도 공부합니다.

- **관련 교과 단원 및 내용**

– 중학교나 고등학교 수리논술에서 유연한 사고나 창의적 사고의 중요성에 대한 논술 자료로 활용 가능합니다.

– 중학교 2학년 '경우의 수' 단원과 관련하여 적용할 수 있습니다.

– 수학과 화학과의 통합적인 학습요소를 추출하여 논술 자료로 활용할 수 있습니다.

여섯 번째 수업 _ 생성수형도

연결된 그래프의 모든 꼭짓점을 포함하면서 변의 일부만을 삭제하여 만든 수형도인 생성수형도를 만드는 방법에 대해 알아봅니다.

- **선수 학습** : 수형도, 크루스칼Kruskal, 프림Prim
- **공부 방법** : 주어진 그래프의 모든 꼭짓점을 포함하면서 꼭짓점의 개수 v와 변의 개수 e의 관계가 $v-e=1$이 될 때까지 연결된 상태를 유지하면서 변의 일부를 삭제하여 생성수형도를 만드는 방법을 알아봅니다. 생성수형도를 만들 때는 반드시 회로가 없도록 해야 합니다 .
- **관련 교과 단원 및 내용**

– 중학교나 고등학교 수리논술에서 창의적이면서 유연한 사고의

중요성에 대한 논술 자료로 활용 가능합니다.

일곱 번째 수업 _ 행렬과 그래프

그래프를 수치화하여 행렬로 나타내는 방법에 대해 공부합니다.

- **선수 학습** : 그래프
- **공부 방법** : 행렬의 뜻과 행렬의 덧셈, 뺄셈, 곱셈에 대해 알아봅니다. 또 비행기 항로를 그래프로 나타내고, 각 꼭짓점의 선으로의 연결 여부를 0과 1을 사용하여 어떻게 행렬로 나타내는지에 대해 알아봅니다.
- **관련 교과 단원 및 내용**
  - 중학교나 고등학교 수리논술에서 창의적이면서 유연한 사고의 중요성에 대한 논술 자료로 활용 가능합니다.

여덟 번째 수업 _ 색칠 문제와 계획 세우기의 해결사, 그래프

"세계 지도를 만들 때 서로 국경을 공유하는 국가들을 서로 다른 색으로 칠하여 구별하기 위해 필요한 최소 색의 수는 몇 가지일까?" 이 질문에 대한 답을 구하기 위하여 그래프를 이용하는 방법에 대해 공부합니다. 또 선후 관계가 있는 여러 작업을 필요로 하는 계획을 그래프로 나타내면 작업 일정을 쉽게 파악할 수 있습니다. 이렇게 일상생활에서 자주 나타나는 최적화 문제를 그래프를 이용하여 해결하는 방법에 대해 알아봅니다.

- **선수 학습** : 주어진 상황을 그래프로 나타내기
- **공부 방법** : 그래프의 모든 꼭짓점을 서로 다른 색으로 칠하여 구분하려고 할 때 변으로 연결된 두 꼭짓점을 서로 다른 색으로 하여 모든 꼭짓점을 칠하기 위해 필요한 최소 색의 수를 구해 봅니다. 또 이 방법을 이용하여 세계 지도를 만들 때 서로 국경을 공유하는 국가들을 서로 다른 색으로 칠하는 데 필요한 최소 색의 수를 구해 봅니다. 한편 작업 일정에 대한 계획을 세울 때 주어진 표를 선후 관계가 있는 각 작업을 꼭짓점으로 하여 그래프로 나타낸 다음, 시작에서 마지막 작업까지의 경로 중에서 작업 시간이 가장 긴 경로를 이용하여 모든 작업을 마치기까지 필요한 최소의 시간을 구해 봅니다.
- **관련 교과 단원 및 내용**

– 수학과 지리 교과의 통합적인 학습요소를 추출하여 논술 자료로 활용할 수 있습니다.

– 수리논술에서 유연한 사고나 창의적 사고의 중요성에 대한 읽을거리 및 논술 자료로 활용할 수 있습니다.

오일러를 소개합니다

Leonhard Euler (1707 ~ 1783)

계산법의 귀재, 다작의 수학자, 기호 발명가!

사람들이 나를 부르는 애칭입니다.

나는 지나친 연구로 장님이 되었지만

이후에도 포기하지 않고 꾸준히 수학을 연구한 수학자로 유명합니다.

귀머거리 음악가 베토벤처럼 말이예요.

나의 책 중에서 가장 잘 알려진 것은

《무한소 해석 입문》1784이예요.

이 책은 고대 수학의 정수라 할 수 있는

유클리드《원론》에 비할 만한 것이라고 평가되고 있기도 합니다.

또 다른 책인《미분법》1755과《적분법》1768~1774은

오늘날 수학의 중요한 분야인

해석학에 대한 일반적인 방향을 제시했다는 평을 받고 있습니다.

여러분들이 수학 공부를 하면서 자주 사용하는 기호

$f(x)$, π, sin, cos, tan, 합의 기호 Σ

등도 내가 발명했습니다.

여러분, 나는 오일러입니다

"오일러 선생님!"

누구세요? 나는 눈이 보이지 않는답니다. 연구에 몰두했더니 그만 시력을 잃고 말았지 뭐예요!

"저희는 오늘부터 선생님께 '최적화 이론'에 대해 배우기로 한 학생들이에요. 그런데 눈이 보이지 않는데, 어떻게 연구를 하실 수 있죠? 그것도 수학을요!"

그건 나만의 방법이 있기 때문이에요. 남들이 그러는데 내가 기억력이 매우 뛰어나다고 하더군요. 또 내가 개발한 독특한 계산법 덕택이기도 하죠.

"아! 그래서 선생님을 계산법의 귀재라 하는군요. 또 다작의 수학자, 뛰어난 기호 발명가라고도 하더라고요. 본격적으로 수업을 시작하기 전에 먼저 선생님의 훌륭한 수학적 업적에 대해 들려주세요."

수학적 업적? 업적이라고까지야 뭘, 쑥스럽게…….

흠흠, 그렇다면 아무래도 내 자랑부터 한껏 늘어놓아야 할 것 같군요.

내가 활동했던 시대는 18세기랍니다. 한국의 역사로 보면 조선시대의 21대, 22대 왕인 영조, 정조의 통치 시기에 해당하죠.

18세기에는 나를 비롯하여 푸리에, 달랑베르, 르장드르, 라플라스 등의 저명한 수학자들이 수학 발전을 위해 많은 연구를 했어요. 이름들이 많이 생소하게 들리겠지만 워낙 유명한 분들이라 언젠가는 여러분들도 자주 듣고 직접 말하게 될 거예요.

나는 지나친 연구로 비록 장님이 되었지만 많은 사람들이 그중에 가장 뛰어난 수학자로 나를 꼽습니다. 정말 자랑스럽고 뿌듯하지요. 수학적 연구의 양에 있어서나 질에 있어서 아무도 나를 능가할 수 없기 때문이라나요. 나는 평생 동안 500편 이상의 책과 논문을 썼어요. 내가 쓴 논문의 분량을 따져보니 평균적으로

일 년에 약 800쪽 정도를 썼더군요.

너무 엄청난 분량이라 여러분들에겐 꾸며낸 이야기처럼 들릴 수도 있어요. 하지만 이 많은 일들을 할 수 있었던 것은 모두 다 나의 성실함 때문이라고 감히 이야기할 수 있답니다.

나는 1707년 스위스의 바젤에서 태어났어요. 아버지께서는 목사였는데, 대부분의 아버지들이 그렇듯이 아들인 나도 목사가 되기를 원하셨답니다. 그래서 나는 바젤 대학에 입학하여 신학을 공부하게 되었지요. 만약 나에게 수학적 재능이 없었다면 아마도 오늘 여러분과 교회에서 목사와 신도로 만나지 않았을까요?

하지만 숨겨진 재능은 언젠가는 드러나게 되어 있잖아요. 나는 신학을 공부하던 중 잠재되어 있던 수학적 능력이 빛을 발하면서 유명한 수학자인 베르누이 형제의 눈에 띄게 되었어요. 요한 베르누이는 나의 아버지를 설득하여 내가 정식으로 수학 공부를 할 수 있도록 해 주었답니다. 나에게는 무척 고마운 분이죠.

나는 매우 젊은 나이부터 높은 수준의 수학 논문을 발표하기 시작했어요. 19세에는 프랑스 아카데미에서 상을 받기도 했는

데, 배에 돛을 다는 최적 위치에 관한 해석을 다룬 것이었어요. 우스운 것은 내가 그때까지 돛을 달고 바다를 항해하는 배를 한 번도 보지 못했다는 거예요.

1727년 20세에 나는 베르누이 형제의 도움을 받아 러시아의 상트페테르부르크 아카데미에 임용되었어요. 당시 러시아의 황제 표트르는 파리와 베를린의 과학 아카데미에 필적할 만한 연구소를 만들기 위한 준비를 하고 있었습니다. 그래서 러시아로 유능한 학자들을 유치하기 시작했는데 그중에 베르누이 형제도 끼어 있었어요.

나는 이곳에서 15년간 수학교수로 지내면서 수학과 관련된 여러 가지 공식을 연구했고 많은 논문을 쓸 수 있었죠. 수학을 연구하는 것이 너무 즐거웠어요. 새로운 생각들이 끝없이 떠오르곤 했지요. 하지만 애석하게도 연구에 몰두한 나머지 1730년대 중반부터 오른쪽 눈의 시력이 약화되기 시작했어요. 하지만 수학연구에 대한 나의 열정을 누그러뜨리지는 못했어요. 기하학, 수론, 순열 조합론 등 다양한 수학 분야뿐 아니라 역학, 유체역학, 과학 등의 응용분야에서의 중요한 문제를 연구했지요. 눈이 멀어가면서 광학적으로 빛의 신비를 설명하려 한 나의 모습을 상상해 보세요. 정말 아이러니컬하지요?

오일러는 예전 일들이 생생하게 떠오르는 듯 뿌듯한 표정과 힘든 표정, 절망스런 표정, 행복에 찬 표정을 지으며 계속 이야기를 했습니다.

1741년에는 상트페테르부르크를 떠나 프러시아의 프리드리히 대왕 하의 베를린 과학 아카데미의 수학부장 자리로 옮기게 되었어요. 표트르 황제 치하에서의 억압적인 정치 분위기가 마음에 들지 않아 베를린으로 자리를 옮겼지만 나의 기대에는 미치지 못했어요. 프리드리히는 나를 조용하고 재미없는 학자라고 생각하여 나의 한쪽 시력이 약하다는 것을 알면서도 나를 '외눈박이 수학자'라고 불렀어요. 1771년에는 왼쪽 눈의 시력까지도 나빠져 거의 실명 상태가 되었지요. 시력도 나빠지고 통증도 있었지만 책을 쓰는 것을 멈추지 않았습니다. 방정식과 수식을 제자로 하여금 받아쓰게 했지요.

내가 눈이 멀어서도 연구를 계속할 수 있었던 것은 나의 천부적인 기억력과 암산 능력 덕분이에요. 처음 100개의 소수를 다

외우고 있을 뿐 아니라, 제곱, 세제곱, 네제곱, 다섯제곱, 여섯제곱수까지 외우고 있었거든요. 다른 사람들이 수표를 뒤적이고, 연필을 꺼내어 종이에 계산을 하고 있는 동안 나는 아주 어려운 계산까지 암산으로 해냈지요. 50자리까지도 정확하게 계산을 했지 뭐예요.

왕의 푸대접과 아카데미 안에서의 여러 가지 갈등, 정치적 씨름을 견디지 못한 나는 결국 러시아의 예카테리나 여제의 부름을 받고 다시 상트페테르부르크로 돌아가고 말았어요.

러시아에서 지내는 동안 재미있는 일도 있었어요.

여제 예카테리나의 초대로 프랑스의 철학자 디드로가 러시아를 방문했어요. 그는 무신론을 주장하고 다녔는데, 그의 이야기에 싫증이 난 예카테리나가 나를 부르더군요. 디드로의 입을 막아달라는 것이었어요. 나는 디드로에게 가까이 다가가 엄숙하고 확신에 찬 태도로 말했어요.

"각하, $\frac{(a+bn)}{n}=x$입니다. 그러므로 신은 존재합니다. 대답해 주십시오."

디드로가 대답을 못하고 있는데 갑자기 폭소가 터졌고, 디드로는 프랑스로 돌아가고 말았어요.

내가 명성을 얻은 큰 이유 중 하나는 내가 쓴 책들 때문이기도 합니다. 이 책 중에는 수학적으로 높은 수준의 어려운 책도 있지만, 나는 되도록이면 책을 쉽게 쓰려고 노력했어요. 책을 쉽게 쓴다고 해서 품위가 떨어지는 것은 아니잖아요?

내 책 중에서 가장 잘 알려진 것은 1748년에 출판된《무한소 해석 입문》이에요. 이 책은 유클리드의《원론》에 비할 만한 것으로, 이전 수학자들이 발견한 것을 재구성하고 새로운 증명 및 내용을 추가하여 그 동안 발견한 모든 정리들을 완벽하게 기술하려 했습니다. 그래서인지 많은 사람들에게 읽히게 되었어요. 이것에 이어 1755년에는《미분법》을, 1768~74년 사이에는 세 권으로 된《적분법》을 출판했지요. 이 책들은 오늘날 수학의 한 분야인 해석학에 대한 일반적인 방향을 제시했다는 평을 받고 있답니다.

수학의 주요한 특성 중 하나는 기호를 사용하여 상황이나 관계를 간결하게 표현할 수 있다는 것입니다. 오늘날 우리가 사용하고 있는 많은 용어나 기호를 발명하고 정립했다는 점에서 나는 현대 수학에 중대한 영향을 미쳤다는 평가를 받고 있답니다.

나는 여러 가지 수학 기호를 사용하여 기초적인 수학 개념을

명료하고 알기 쉽게 설명하려고 했어요. 내가 기호를 사용하여 책을 쓰는 것을 본 많은 수학자들은 매우 놀라워했고, 자신들도 이 기호를 따라서 사용하기 시작했어요. 이 기호들은 오늘날에도 아주 유용하게 사용되고 있더군요. 내가 어떤 기호들을 사용했는지 궁금하지 않나요? 칠판에 써서 보여 줄게요.

중요 포인트

삼각형의 세 각 : A, B, C

삼각형의 세 변 : a, b, c

삼각형 외접원의 반지름 : R

삼각형 내접원의 반지름 : r

삼각형의 둘레 길이의 $\frac{1}{2}$: s

합의 기호 : Σ시그마

허수 단위 : i

원주율을 나타내는 기호 : π

함수를 나타내는 기호 : $f(x)$

자연대수의 밑을 나타내는 기호 : e

삼각함수의 생략 기호 : sin사인, cos코사인, tan탄젠트

어때요, 다들 한 번쯤은 사용해 본 것들이죠?

이들 기호를 사용하여 현재 고등학교 교과서에 나오는 공식인

$e^{ix}=\cos x+i\sin x$를 만들기도 했어요. 내가 만들어서인지 오일러 공식이라는 이름을 붙였더군요.

유명한 작곡가인 베토벤이 청력을 잃은 뒤에도 위대한 작품을 썼듯이 나 역시 시력을 잃은 뒤에도 절망하지 않고 더 노력하여 성실하게 연구를 수행한 결과 많은 연구 결과물을 내놓을 수 있었어요. 아마도 많은 사람들이 나를 높이 평가해 주는 것은 나의 이런 노력과 성실함, 강인한 정신력 때문이 아닐까요?

이야기가 끝나자 아이들은 오일러를 향해 우렁찬 박수를 보냈습니다. 또 타고난 수학적 능력에 대하여 오만하지 않으며, 시력을 잃는 절망감 속에서도 포기하지 않고 더욱 성실히 노력하여 우리가 수학을 공부하는 데 큰 도움을 준 것에 대해 감사의 인사를 드렸습니다.

안녕하세요.
오일러입니다.
1707년 스위스 바젤
응애.
응애.
목사이셨던 나의 아버지는 내가 뒤를 잇기를 원하셨습니다.
그래서 나는 바젤 대학에서 신학을 공부했답니다.
오일러 자네는 수학에 뛰어난 재능이 있어.
내가 자네 아버지를 설득해 보겠네.
나는 유명한 수학자인 베르누이 형제의 도움으로 20세에 러시아의 상트페테르부르크 아카데미에서 수학을 연구했습니다.
나는 이곳에서 15년간 수학에 관해 끝없이 연구를 했지요. 너무 무리를 했는지 오른쪽 눈의 시력이 약화되기 시작했습니다.
어~ 오른쪽 눈이 보이질 않아.
1741년 프러시아의 프리드리히 대왕 하의 베를린 과학 아카데미의 수학부장으로 자리를 옮겼죠.
너무 재미없이 수학만 공부하잖아. 어이~ 따분한 외눈박이 수학자!
1771년에는 왼쪽 눈까지도 나빠져 거의 실명 상태가 되었어요.
아, 왼쪽 눈 마저….
후우…

나는 눈이 먼 후에도 천부적인 기억력과 암산 능력으로 수학 연구를 게을리 하지 않았습니다.
방정식과 수식에 대해 내가 말로 설명할 테니 받아 적어라.
네, 스승님.
나는 노년이 되어 프러시아를 떠나 다시 상트페테르부르크로 돌아갔습니다.
뿌우우
나는 실명을 한 상태였지만 생을 마칠 때까지 수학책을 손에서 놓지 않았답니다.
Leonhard Euler
1707 - 1783
여러분들도 나처럼 어떤 시련이 있더라도 그것을 이겨내고
훌륭한 업적을 세우는 사람이 되길 바라겠습니다.
시련을 이겨내야 해!!
다다다
왁
왁

여행자의 수학, 최적화 이론

가능한 모든 여행 코스를 그림으로 그려 따져 봄으로써 비용을 최소화하는 최적화의 의미에 대해 알아봅니다.

1. 여행 코스를 그림으로 나타내고, 전체 여행 코스의 수를 구해 봅니다.
2. 순회 판매원 문제의 뜻에 대해 알아봅니다.
3. 최적화의 뜻에 대해 알아봅니다.

미리 알면 좋아요

1. 경우의 수 어떤 한 가지 일에 대해 여러 가지 경우가 등장하는 일에서 그 일이 일어나는 경우의 수를 구할 때는 모든 경우를 빠짐없이, 중복되지 않게 생각해야 합니다. 무작정 세지 말고 기준을 세워서 세도록 합니다.

예를 들어, 다음과 같은 등산로가 있는 산에서 등산을 할 때, 매표소에서 출발하여 중간의 약수터를 거쳐 산 정상으로 가는 등산로는 아래와 같이 그림을 그려 조사해 보면 빠짐없이 중복되지 않게 구할 수 있으며, 모두 12가지임을 알 수 있습니다.

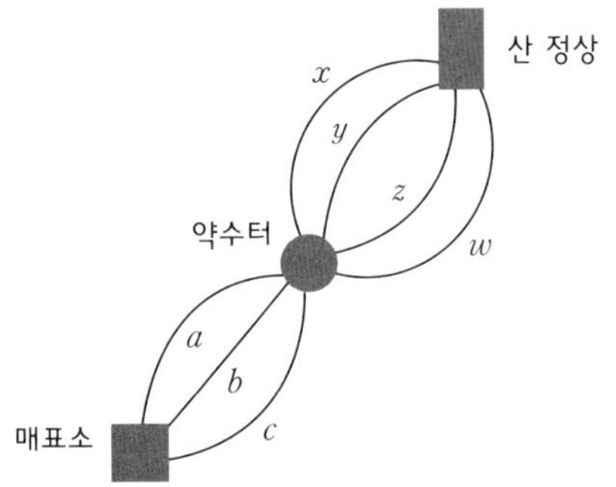

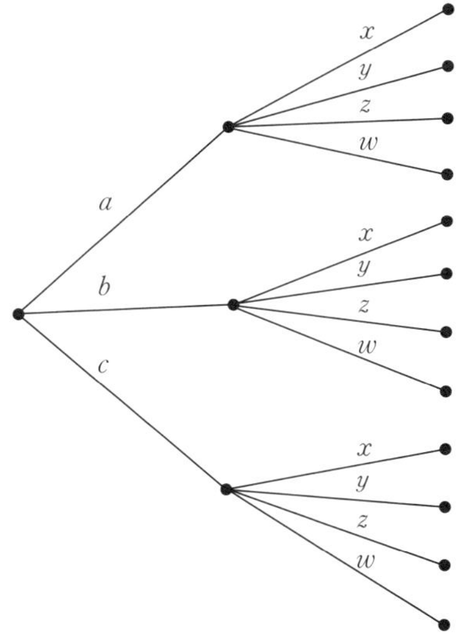

2. **극대화** 아주 커지거나 또는 아주 크게 하는 일을 의미합니다.

예 : 각 신체 부위별 다이어트를 극대화시키는 식사법은 뭘까?

3. **최적화** '만일 ~라면' 이라고 묻고, 모든 가능성을 점검하여 효율적인 최상의 해, 즉 최소화하는 값 또는 최대화하는 값을 구하는 일을 의미합니다.

Dank für die Auszeichn…

…ch die Aufnahme unter ihre Corr…

…u Theil werden lassen, glaube ich am…

…u erkennen zu geben, dass ich von der…

…n Erlaubniss baldigst Gebrauch ma…

…ng einer Untersuchung über die Hä…

…nzahlen; ein Gegenstand, welcher d…

…sse, welches Gauss und Dirichlet der…

…Zeit geschenkt haben, einer solchen M…

…ht nicht ganz unwerth erscheint.

…dieser Untersuchung diente mir als A…

…die von Euler gemachte Bemerkung, d…

$$\prod \frac{1}{1-\frac{1}{p^s}} = \sum \frac{1}{n^s},$$

…Primzahlen, für n alle g…

…für p alle … Die Function der c…

…werden. Die Function der …

…s, welche durch diese beiden Ausdrü…

…convergiren, dargestellt wird, bezeichne ich d…

…Beide convergiren nur, so lange d…

…grösser als 1 ist; es lässt sich indess…

…Ausdruck der Function…

▨신나는 여행 계획

오일러는 우리나라 지도를 가지고 들어와서 칠판 앞에 걸었습니다. 그런 다음 지도를 보면서 천천히 이야기를 시작했습니다.

여러분, '여행!' 하면 생각나는 것이 뭐죠?

오일러의 질문에 학생들은 정말 여행이라도 떠나는 것처럼 들뜬 기분으로 제각각 자신의 생각을 이야기하기 시작했습니다.

"기차랑 바다요."

"저는 산이요. 화창한 날씨도 생각나요."

"여행 하면 뭐니 뭐니 해도 먹을거리죠. 맛있는 음식과 함께 유적지로 떠나는 여행!"

한참 동안 학생들과 여행에 관한 이야기를 한 오일러는 여행을 계획하고 있는 건우의 고민에 대해 이야기했습니다.

고민

건우는 방학 동안에 부모님과 함께 자동차로 몇몇 도시를 여행하기로 하였습니다. 부모님과 의논한 결과 서울을 출발하여 4개의 도시 광주, 거창, 영주, 부산을 모두 한 번씩 들러 돌아 본 다음 다시 서울로 돌아오기로 했어요. 건우는 자동차 연료 소비를 최대한 줄이기 위해 가장 짧은 거리로 여행하는 방법을 알아보려고 합니다.

어떤 순서로 돌아야 건우네 가족이 가장 짧은 거리의 여행을 할 수 있을까요?

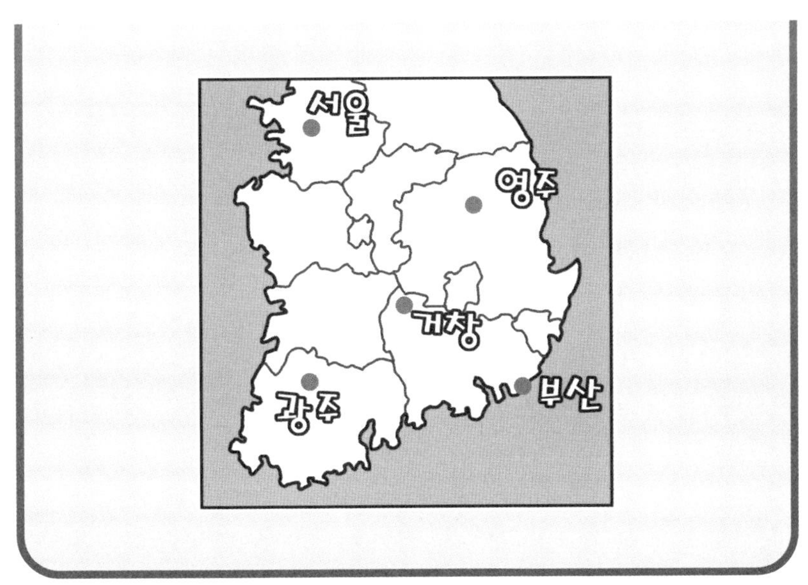

서울 → 광주 → 거창 → 부산 → 영주 → 서울 ?

서울 → 영주 → 거창 → 부산 → 광주 → 서울 ?

어느 코스가 더 짧을까요? 아니면 이외에 더 짧은 코스가 있을까요?

막연한 추측만으로는 거리가 가장 짧은 여행 코스를 정확히 알기 어렵습니다. 추측한 여행 코스 외에 거리가 더 짧은 여행 코스가 또 있을지 알 수 없기 때문이에요.

따라서 우리가 생각할 수 있는 모든 여행 코스를 찾아서 조사할 필요가 있어요. 그러기 위해서는 어떤 경우도 빠뜨리지 않으면서도 중복하여 세지 않는 보다 체계적인 방법을 알아봐야겠죠!

자~, 여러분이 건우네 가족이 되어 직접 여행을 하면서 알아보기로 할까요?

서울을 출발하여 첫 번째로 여행할 도시는 네 도시 중 한 곳이에요.

오일러는 건우네 가족의 첫 번째 여행 도시로의 이동 과정을 다음과 같이 칠판에 그렸습니다.

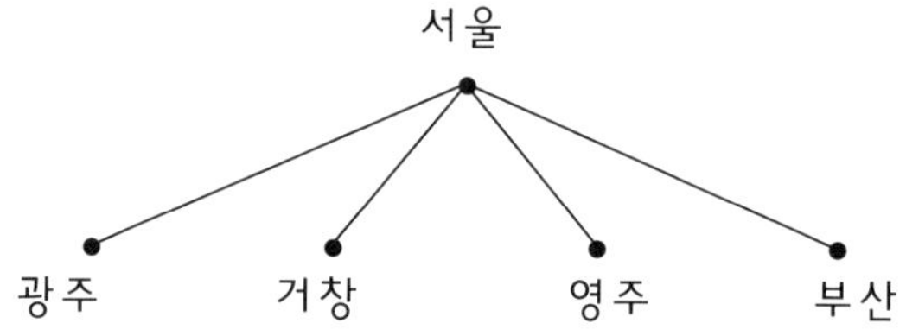

때때로 어떤 상황을 그림으로 나타내면 훨씬 편리한 경우가 있습니다.

위와 같이 일일이 따져야 하는 경우에는 상황을 나뭇가지 모양으로 뻗어나가는 그림으로 나타내면 간단히 표현할 수 있어 매우 편리합니다.

네 도시 중 한 도시를 선택한 다음에는 두 번째 여행 도시를 선택해야겠죠?

이번에는 첫 번째 여행 도시로 선택한 각각의 도시에 대하여 나머지 세 도시 중에 한 곳을 선택하면 됩니다.

만약 첫 번째 여행 도시를 광주로 선택하게 되면 두 번째 여행 도시는…….

오일러의 말이 채 끝나기도 전에 창우가 대답을 했습니다.

"거창, 영주, 부산 중 한 곳을 선택하면 됩니다."

오일러는 칠판에 그려져 있는 그림에 다음과 같이 두 번째의 여행 도시들을 더 추가하여 그려 넣었습니다.

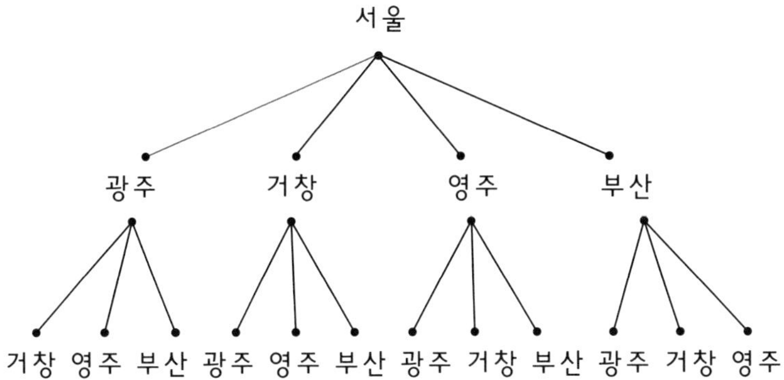

만약 거창을 선택하면 세 번째의 여행 도시는 이제 영주와 부산 두 곳이 남습니다.

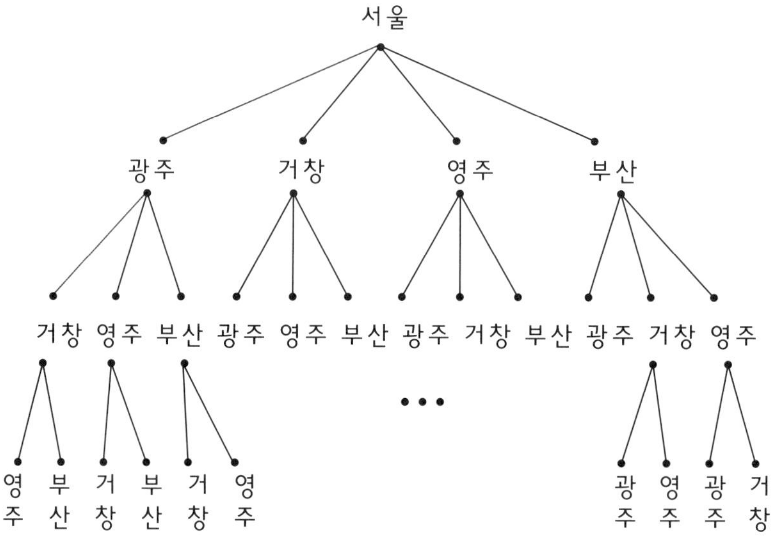

세 번째 여행 도시는 이 두 도시 중에서 한 곳을 선택하면 됩니다. 세 번째 여행 도시를 영주로 선택하면 이제 한 곳만이 남습니다. 어디죠?

역시 창우가 거침없이 대답을 했습니다.

"부산입니다."

맞아요. 부산이 바로 네 번째 여행 도시가 되며, 건우네 가족은 부산에서 서울로 돌아오면 됩니다.

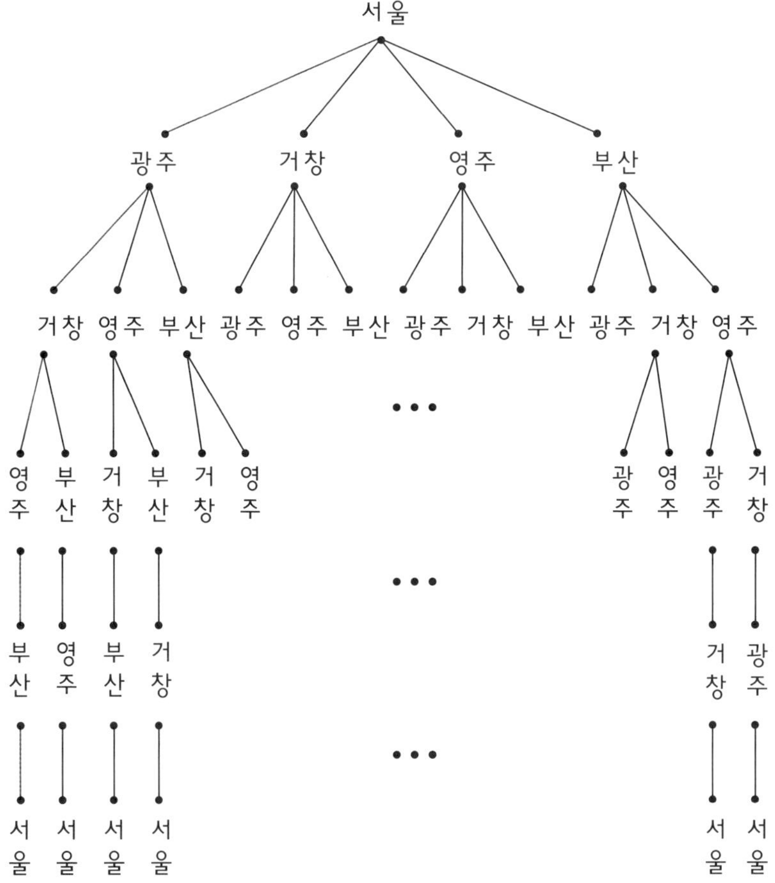

이제 여행 코스를 모두 빠짐없이 찾아보았는데, 모두 몇 가지죠?

이번에는 다은이가 손을 번쩍 들고 칠판 앞으로 다가가더니 칠판에 그려진 그림에 숫자를 써넣어 가며 설명을 했습니다.

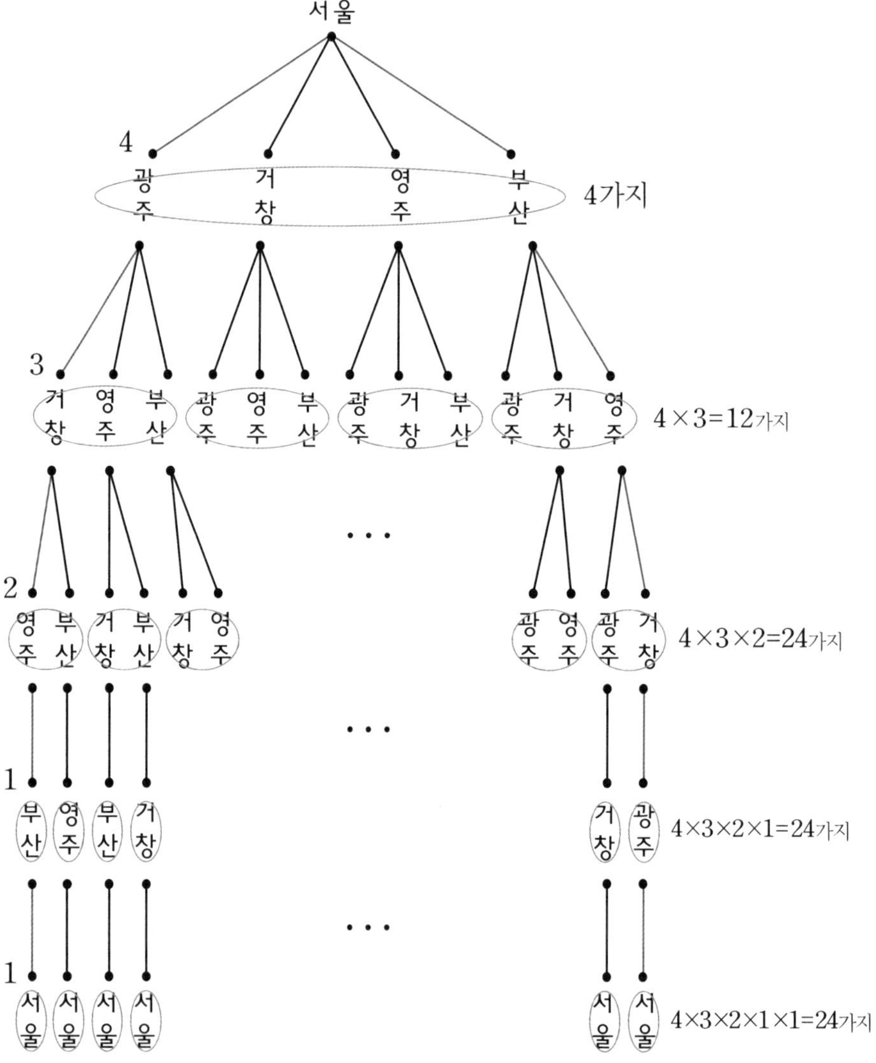

“서울을 출발하여 처음에는 4곳 중 하나를 선택할 수 있고,

그 다음에는 이 각각에 대하여 3곳 중 하나를 선택해야 하므로 4×3의 12가지,

그 다음에도 역시 이 각각에 대하여 남은 2곳 중 하나를 선택해야 하므로 4×3×2의 24가지,

그 다음에는 다시 이 24가지 각각에 대하여 마지막 남은 한 곳을 선택해야 하므로 4×3×2×1의 24가지,

그 다음에는 서울로 돌아오니까 4×3×2×1×1의 24가지예요.”

그러자 창우가 벌떡 일어나더니 24가지가 아니라 12가지라고 주장하면서, 자신의 생각을 설명하기 시작했습니다.

“칠판의 그림에는 24가지 코스가 있지만 그중에는 같은 것이 각각 2개씩 들어 있어요. 예를 들어, 앞의 그림에서 다음 두 코스는 순서를 거꾸로 하면 서로 같아요.

서울-광주-거창-영주-부산-서울 가장 왼쪽의 코스

서울-부산-영주-거창-광주-서울 가장 오른쪽의 코스

따라서 24가지의 서로 다른 코스가 있는 것처럼 보이지만 실제로는 12가지만이 서로 다른 코스를 나타냅니다."

창우의 말대로 그림에 있는 24가지의 코스 중에는 같은 것들이 들어 있어서 서로 다른 코스는 12가지예요.

오일러는 칠판에 다음과 같이 썼습니다.

$$(4\times3\times2\times1\times1)\div2=12$$

이제 건우는 도시들 간의 거리만 알면 고민을 해결할 수 있을 것 같군요.

12가지의 서로 다른 여행 코스 각각에 대하여 도시와 도시 사이의 거리를 합하여 총거리를 구한 뒤에 가장 거리가 짧은 코스를 택하기만 하면 되니까 말이에요.

서울
광주
거창
영주
부산
4 가지
4x3=12 가지
4x3x2=24 가지
4x3x2x1x=24 가지
4x3x2x1x1=24 가지
건우네의 여행 코스는 4×3×2×1×1의 모두 24가지예요.
24가지 코스 중 가장 짧은 코스를 골라 봐.
우와~ 24개 중에 고르려니 진짜 복잡하네.
칠판의 그림에는 24가지 코스가 있지만 그중에는 같은 것이 각각 2개씩 들어 있어.
예를 들어, 위의 그림에서 두 코스
서울-광주-거창-영주-부산-서울 (가장 왼쪽의 코스)
서울-부산-영주-거창-광주-서울 (가장 오른쪽의 코스)
는 순서를 거꾸로 하면 서로 같잖아.
같은 것이 각각 2개씩 들어있으니 2로 나누어야겠군요.
그래서 건우네의 여행 코스는 12가지입니다.
하하

만약 100개의 도시를 여행한다고 하면 어떨까요?

100개의 도시를 한꺼번에 방문하려는 사람들이나 그런 계획을 세우는 여행사가 그리 많을 것 같진 않지만 여행할 수 있는 모든 여행 코스의 수를 앞에서 했던 방법을 활용하여 알아봅시다.

$$(100\times99\times98\times97\times\cdots\times3\times2\times1\times1)\div2$$

이 값은 대략 10^{150}으로, 모든 여행 코스를 조사하려면 상당히 많은 시간이 걸립니다.

▨ 순회 판매원 문제와 최적화의 뜻

건우가 가족 여행을 하기 위해 거리가 가장 짧거나 비용이 가장 적게 드는 여행 코스를 찾기 위해 고민한 문제는 순회 판매원 문제의 일종입니다. 순회 판매원 문제는 여러 개의 도시를 방문하는 여행 계획을 세울 때, 한 도시를 출발하여 모든 도시를 한 번씩 방문한 다음 다시 출발했던 도시로 돌아오는 최단거리 여행 코스를 찾거나, 최소 비용 여행 코스를 찾는 문제를 말합니다.

이 순회 판매원 문제는 여행 계획 외에도 일상생활에서 널리 응용되고 있습니다.

- 도시가스 검침원이 각 가정의 가스 사용량 검침을 하기 위해 가장 짧은 거리로 이동하는 경로를 찾는 경우
- 공항 리무진이 승객을 태우거나 스쿨버스가 학생들을 태우기 위해 가장 짧은 거리로 이동하는 경로를 찾는 경우

- 자동차 공장의 부품 조립 로봇이 부품을 조립할 때 로봇의 팔이 가장 짧은 경로로 이동하도록 설계하는 경우
- 레이저드릴로 전기회로판 위에 약 65000개의 구멍을 뚫을 때 레이저 드릴을 단 한 번씩 옮기는 가장 짧은 경로를 설계하는 경우

이와 같은 것은 가장 경제적이고 효율적인 경로를 찾는 것으로, 모두 순회 판매원 문제의 일종이라고 할 수 있어요.

이와 같이 주어진 조건을 만족하면서 최대화하거나 최소화하는 것을 최적화optimization라고 부릅니다. 순회 판매원 문제는 이 최적화 문제의 대표적인 예입니다.

최적화 이론과 그 해법은 수학의 한 분야로서 일찍이 유럽과 미국에서 여러 분야의 학자들에 의해 많이 연구돼 오고 있었어요. 제2차 세계대전 이후에는 산업 · 군사 · 행정 등 여러 분야에 적극적으로 활용되기 시작하면서 생활에 많은 영향을 미쳤지요.

실제로 기업에서는 최적화라는 용어를 많이 사용합니다. 수익을 최대화하고 최상의 품질을 갖춘 제품을 생산하기 위한 시스템 최적화, 건설 기술 최적화, 최적화된 통화권 설계 등의 말을

흔하게 들을 수 있어요. 현재 선진국에서는 다음과 같은 분야에서 최적화 기법을 가장 폭넓게 사용하고 있어요.

• 공장 내 기계 및 설비 배치, 생산 공정 관리, 도시 건설, 도로 건설, 철도·항공·해운 등의 운항 노선 결정, 운항 계획

수립, 송전배선 네트워크 수립, 상하수도 파이프 네트워크 수립, 컴퓨터, 전화 또는 인공위성 등의 통신망 구성, 전자 회로 디자인, 물류센터 위치 선정, 물류 수송 계획 등

최적화는 산업의 각 분야에서 이익을 극대화하는 방법에 적용되고 있어요. 제지 회사에서는 최적화 이론에 따라 가장 경제적인 절단 패턴으로 화장지의 길이를 나누고, 생명공학 연구소에서는 DNA를 구성하는 30억 쌍이 넘는 염기서열을 해독하고 분류하는 데 최적화의 모형과 해법을 적용합니다.

비단 기업뿐만 아니라 일상생활에 있어서도 최적화란 무의식적이건 의식적이건 중요한 관심사가 아닐 수 없어요. 생활 주변에서 '최대의 효과', '최소의 비용', '최적의 선택'이라는 단어를 쉽게 접할 수 있잖아요.

예를 들어, 여러분이 휴대전화 요금 체계를 정할 때 휴대전화를 사용하는 특성에 맞게 최대한 활용하면서 비용을 최소화하는 최적화된 요금 체계를 찾아 결정하지 않나요? 물건을 구입할 때 역시 물건 가격은 물론 구입하는 이유, 사용 기간, 애프터서비스 적용 기간 등 여러 조건을 비교 · 검토한 후에 구입 여부를 결정

하지요.

물론 결정 과정에서 수학식이나 컴퓨터를 사용한 정해진 최적화 기법을 사용하는 것은 아니지요. 하지만 나름대로 최적화 기법을 적용하고 있음을 알 수 있어요. 일상생활에서 일어나는 거의 모든 상황에 대하여 대부분의 사람들은 물질적으로나 정신적으로나 가장 좋은 방법으로 해결하려고 합니다.

이처럼 최적화 이론은 우리의 실생활뿐만 아니라 모든 전문 분야와 밀접한 관련이 있어 그 중요성은 매우 크다고 볼 수 있습니다. 때문에 미국 수학학회는 최적화를 21세기 10대 중요 수학분야의 하나로 선정하기도 했어요.

이 최적화에 필수적으로 따라오는 개념이 그래프예요. 건우의 가족 여행 계획의 예를 보더라도 그래프를 이용하지 않고는 최적화의 개념을 파악하기가 쉽지 않습니다. 반대로 그래프를 이용하면 그만큼 최적화의 상황을 파악하기가 매우 쉽습니다.

따라서 다음 시간에는 그래프에 대해 자세히 알아보겠습니다.

첫 번째 수업 정리

1 **점, 선, 면** 때때로 문제 상황을 그림으로 나타내면 어떤 사건이 발생할 경우의 수를 구하기가 매우 편리합니다.

예를 들어, 다음의 왼쪽 그림은 어느 버스 회사에서 운행하는 각 도시 사이의 버스 노선을 나타낸 것입니다. 광주에서 출발하여 서울까지 가는 경우의 수는 오른쪽 그림과 같이 모두 8가지임을 쉽게 알 수 있습니다.

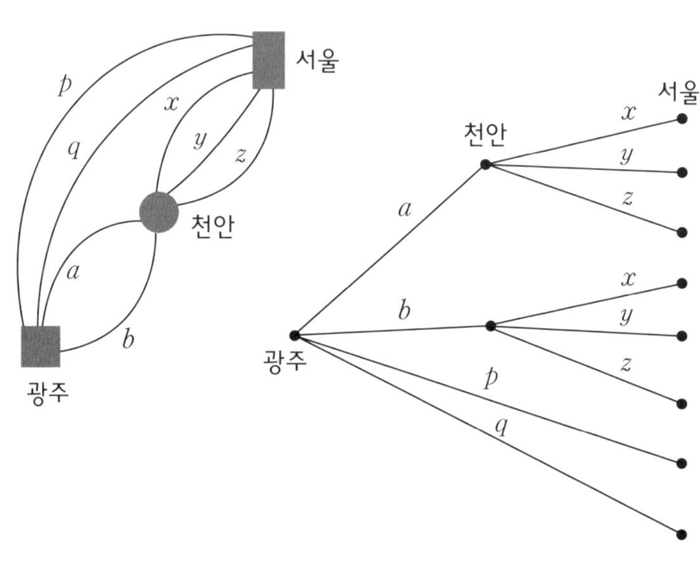

❷ **순회 판매원 문제** 여러 도시를 도는 여행 계획을 세울 때, 한 도시를 출발하여 모든 도시를 한 번씩 방문한 다음 다시 출발했던 도시로 돌아오는 거리가 가장 짧은 여행 코스를 찾거나, 비용이 가장 적게 드는 여행 경로 등을 찾는 문제를 우리는 순회 판매원 문제Traveling salesman problem, TSP라고 합니다.

❸ **최적화** 주어진 조건을 만족하면서 최대화하거나 최소화하는 것을 최적화optimization라고 부릅니다. 순회 판매원 문제는 최적화 문제의 대표적인 예입니다.

점과 선의 무한도전, 그래프

실생활의 여러 가지 상황에서
주어진 상황을 최대한 단순화시켜
꼭 필요한 내용만을
그래프로 간결하게 표현하는 방법에 대해 알아봅니다.

1. 그래프의 뜻에 대해 알아봅니다.
2. 그래프 표현의 편리함에 대해 알아봅니다.
3. 두 개의 그래프가 서로 같을 조건에 대해 알아봅니다.
4. 평면그래프의 뜻과 그 활용에 대해 알아봅니다.
5. 연결그래프의 뜻과 그 활용에 대해 알아봅니다.

미리 알면 좋아요

1. **가계도** 집안의 혈연이나 혼인 관계 따위를 나타낸 그림을 말합니다.

2. **폐곡선**닫힌곡선 곡선 위의 한 점이 한 방향으로 움직여 다시 출발점으로 되돌아오는 곡선.

3. **리그전** 경기에 참가한 모든 팀이 서로 한 번 이상 겨루어 가장 많이 이긴 팀이 우승하게 되는 방식.

토너먼트 경기를 거듭할 때마다 진 편은 제외시키면서 이긴 편끼리 겨루어 최후에 남은 두 편으로 우승을 가리는 방식.

예를 들어, 4년마다 개최되는 월드컵에서 32개의 팀 중 16강을 결정하는 예선 경기는 조별 리그전으로 펼쳐지는데, 같은 조에 속한 팀끼리는 반드시 한 번씩 경기를 치릅니다, 16강 이후 8강, 4강, 결승전을 운영하기까지는 토너먼트로 승자를 결정합니다.

▨ 그래프의 뜻

서울시가 그려진 큰 지도 한 장을 들고 들어온 오일러는 칠판에 붙이고 나서 이야기를 시작했습니다.

건우와 가영이는 답사 모임인 '뿌리와 샘'의 회원이에요. 이 모임에서 건우와 가영이가 맡고 있는 일은 답사 코스를 정하고 그 일정을 계획하는 것입니다.

두 사람이 이번에 생각하고 있는 것은 서울의 문화유적지 및 관광지 답사입니다.

서울시의 지도를 펼쳐놓고 한참을 고민하던 끝에 낙성대에서 출발하여 몽촌토성, 암사동 선사주거지, 남산골 한옥마을, 경복궁, 창경궁, 도봉서원, 63빌딩, 월드컵경기장 중 몇 군데를 선택하여 돌아보는 맞춤형 답사 코스를 정하기로 했어요. 여러 개의 답사 코스를 정해놓고 답사를 희망하는 사람들이 어디를 답사할 것인지를 정하기로 했습니다.

오일러는 준비해 온 투명지와 앞의 지도가 복사된 종이를 한 장씩 나누어 주었습니다.

맞춤형 답사 코스를 정하려면 먼저 답사 장소와 이동할 도로를 알아봐야겠죠?

나와 함께 답사 코스를 정해 보기로 해요.

자~, 나눠준 지도 위에 다음과 같이 각 답사 장소에 A, B, C, D, E, F, G, H, I를 써넣으세요.

낙성대 : A	몽촌토성 : B
암사동 선사주거지 : C	남산골 한옥마을 : D
경복궁 : E	창경궁 : F
도봉서원 : G	63빌딩 : H
월드컵경기장 : I	

이번에는 투명지를 지도 위에 올려놓고, 투명지 위에 각 지점을 점으로 표시한 다음 A, B, C, D, E, F, G, H, I로 나타내 보세요.

투명지를 지도 위에서 떼어낸 다음, 각 두 지점 사이에 다른 지점을 거치지 않는 도로가 있으면 그 두 지점에 대응하는 두 점을 선으로 연결해 보세요.

그러면 다음과 같은 도형이 만들어질 거예요.

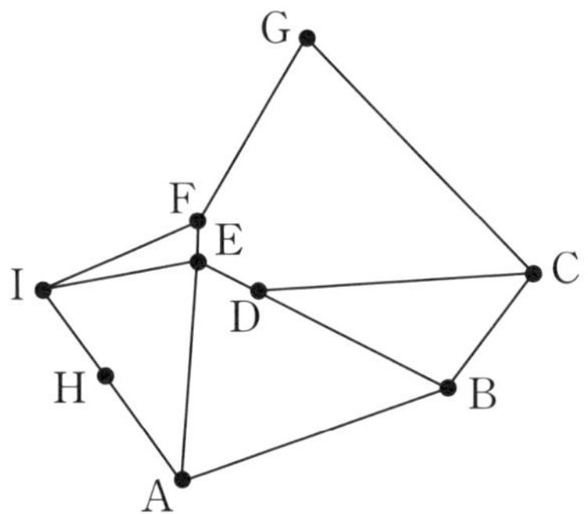

이 그림은 답사 코스를 정하기 위해 지도에서 꼭 필요한 부분만 발췌하여 나타낸 것이에요. 답사 코스를 정할 때 필요한 것은 단지 답사 장소와 각 답사 장소 사이를 연결하는 도로가 있는지 여부를 아는 것이기 때문이에요.

그림을 자세히 살펴보면 점과 선으로 이루어져 있음을 알 수 있습니다. 이와 같이 점과 선으로 이루어진 그림을 그래프라고 합니다. 그래프에서 점은 꼭짓점이라 하고, 꼭짓점을 연결한 선을 변이라고 합니다. 일반적으로 꼭짓점은 A, B, C, …와 같이 나타내고, 변은 양 끝의 꼭짓점을 이용하여 AB, FG, BD, …와 같이 나타냅니다.

먼저 앞의 그래프를 이용하여 낙성대A에서 출발하여 도봉서원G까지 가는 답사 코스를 찾아볼까요? 여러분이 그린 그래프 위에 다른 색깔의 펜을 이용하여 답사 코스를 그려 보세요.

아마 다음과 같이 다양하게 답사 코스를 그릴 수 있을 것입니다.

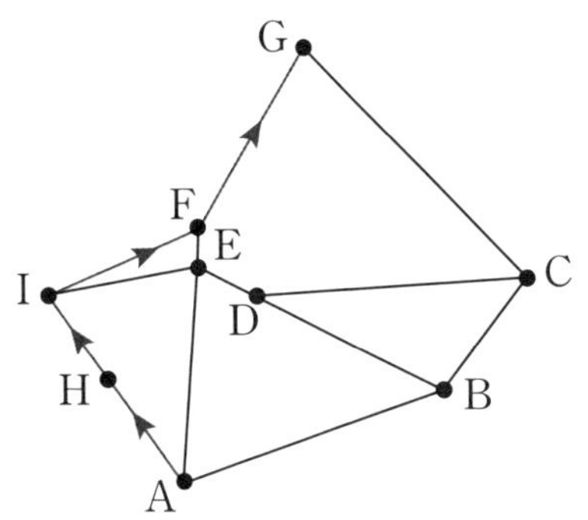

A→H→I→F→G

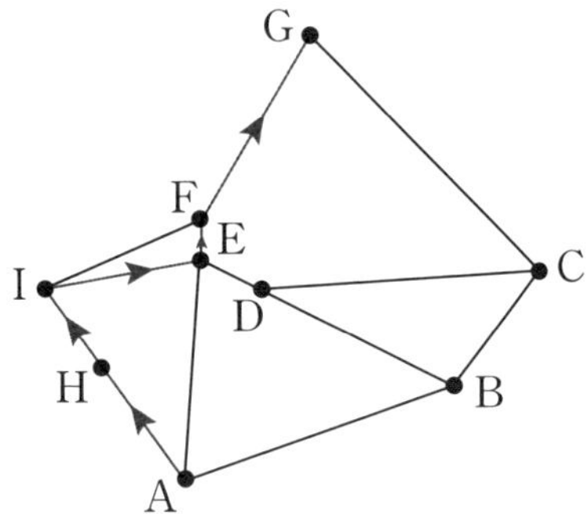

A→H→I→E→F→G

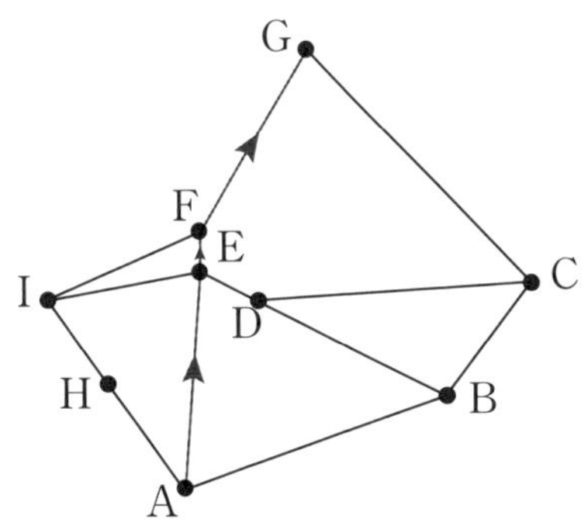

A→E→F→G

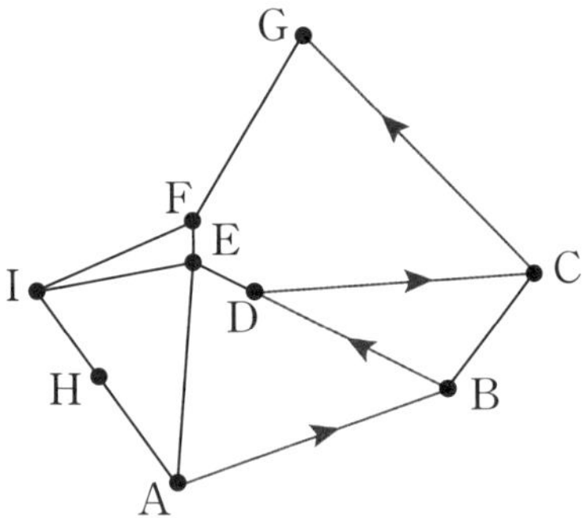

A→B→D→C→G

어느 코스가 답사하기에 더 좋을까요?

이외에도 출발점과 도착점이 다른 다양한 답사 코스를 만들 수 있어요.

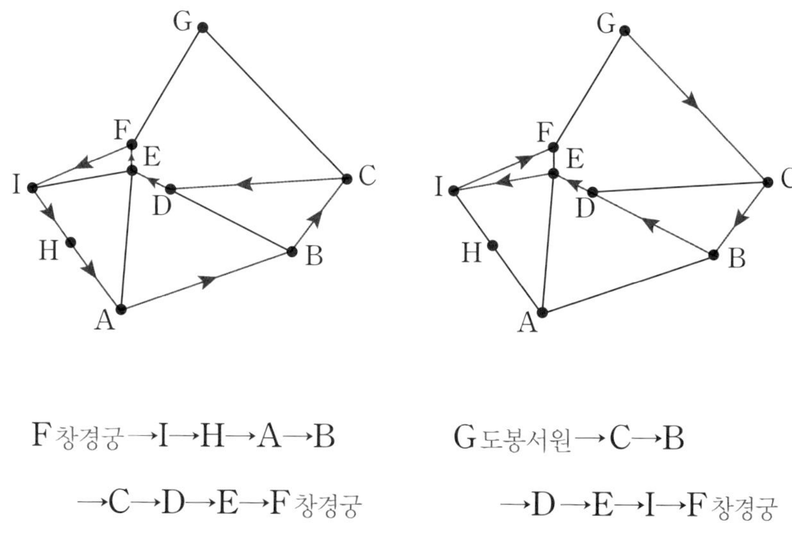

답사 계획을 세울 때 지도 위에서보다 그래프를 이용하면 어떤 점이 더 편리할까요?

오일러는 이 질문에 대하여 학생들이 서로 토론해 보도록 하였습니다.

한참 후 토론이 끝난 학생들은 토론한 결과를 정리하여 발표하였습니다.

"그래프를 이용하면 답사 코스를 정할 때 불필요한 부분이 나타나지 않고 필요한 것만이 표현되어 답사 코스를 정하기가 쉬워요."

그래요. 그래프를 이용하면 주어진 상황이나 관계를 단순화시킬 수 있어 보다 편리하게 해석하거나 문제를 해결할 수 있습니다.

설명을 듣고 있던 다은이가 갑자기 생각이 난 듯 질문을 하였습니다.

"선생님, 그럼 지하철 노선도나 철도 노선도도 그래프인가요?"

네, 맞아요. 지하철 노선도, 버스 노선도, 철도 노선도는 우리 주변에서 그래프를 잘 이용하고 있는 가장 대표적인 것이라고 할 수 있어요.

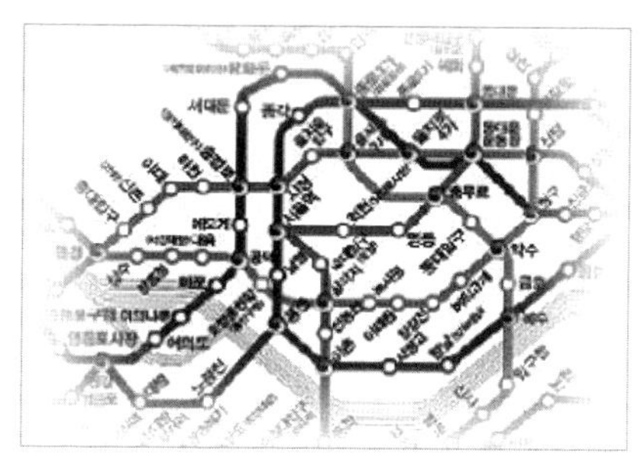

오일러는 마치 다은이의 질문을 예상이라도 한 듯 미리 준비해 온 서울특별시 지하철 노선도를 학생들에게 보여 주었습니다.

이것은 서울특별시 지하철 노선도예요. 이 노선도를 살펴보면 모두 점과 선으로만 이루어져 있어요. 점은 지하철 역을 나타내고, 선은 지하철 역 사이를 연결하는 철로를 의미합니다.

알다시피 지하철 노선도와 실제 지도는 상당한 차이가 있습니다.

서울시내에서 지하철을 이용하지 않고 올림픽 공원에서 서울역까지 가려고 할 때 지하철 노선도만 보고 찾아갈 수 있을까요?

"찾아가기 힘들어요."

그래요. 지하철 노선도는 동서남북의 방향 및 그 거리가 정확하지 않고, 시내 표준지도와 맞추어 보면 실제 위치와 역의 위치 등이 다르게 나타나 있습니다. 그러나 역들의 순서나 각각의 노선이 교차하는 환승역 등은 분명히 같아요.

그렇다면 지하철 노선도를 실제 지도와 다르게 그린 이유는 무엇일까요?

실제로 지하철을 타는 승객이 필요로 하는 것은 'A 지점에서 B 지점으로 가려면 몇 번 노선을 타야 하는지' 또 '어디에서 갈아타야 하는지'예요. 서울역 옆에 어떤 빌딩이 있고, 서울역과 시청 사이의 거리가 몇 km 떨어져 있는지는 중요하지 않지요.

이것이 바로 그래프의 장점입니다. 주어진 상황을 최대한 단순화시켜 꼭 필요한 내용만을 나타낼 수 있다는 것이지요.

따라서 그래프의 성질을 이용하면 실생활의 여러 상황을 보다 쉽게 이해할 수 있어요.

꼭짓점과 변으로 이어진 도형을 다루는 수학의 한 분야를 특히 그래프이론이라고 합니다. 이때의 그래프는 '함수의 그래프' 또는 '막대그래프', '그림그래프' 등의 그래프와는 다른 뜻이에요.

그래프이론은 수학의 여러 분야 중에서 비교적 최근에 활발히 연구되기 시작하였습니다. 도로나 지하철 노선도 외에도 분자구조, 동물들의 먹이 사슬, 가계도, 지휘계통도 등 이루 헤아릴 수 없을 만큼 많은 것들을 그래프로 나타낼 수 있죠.

다르지만 같은 그래프?!

앞에서 여러분 각자가 그린 그래프는 꼭짓점의 위치나 각 변의 길이가 같지 않을 수 있어요.

그러나 그래프에서는 다음과 같이 꼭짓점의 위치를 바꾸거나, 변을 구부리거나 늘이거나 줄여서 두 그래프가 같은 그림으로 그려질 수 있으면 두 그래프는 같다고 여깁니다.

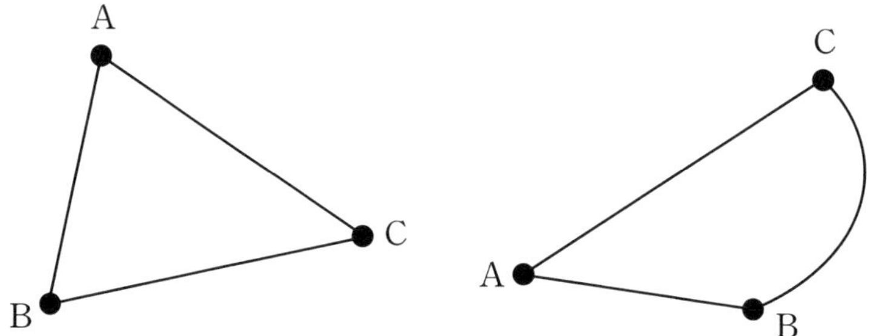

다음의 세 그래프 역시 같은 그래프라고 할 수 있어요.

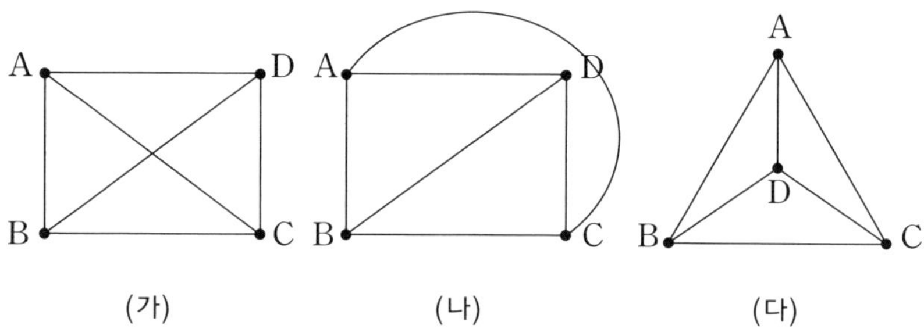

그래프 (나)는 (가)의 변 AC를 늘여서 그린 것이고, 그래프 (다)는 꼭짓점 A와 D를 옮겨서 그린 것입니다. 하지만 모두 변들이 겹치지 않으면서 그 연결 관계가 그대로 유지됨을 알 수 있습니다.

평면그래프

이와 같이 연결 상태는 그대로 유지하면서 변들이 겹치지 않고 변이 꼭짓점에서만 만나도록 평면 위에 다시 그릴 수 있는 그래프를 평면planar그래프라고 합니다.

평면그래프의 이 특성은 전기 회로의 설계와 구조에서 매우 중요하게 활용됩니다. 컴퓨터 메인보드를 관찰해 보면 집적회로판은 여러 개의 가느다란 전선이 회로를 이루도록 되어 있음을 알 수 있어요. 이때 가느다란 전선이 지정된 연결부위를 제외하고는 교차하지 않도록 설계되어 있어요. 회로의 설계 과정에서 교차하게 된다면 전류에 과부하가 생겨 작동을 못하게 되기 때문이랍니다.

한편 다음의 경우에도 평면그래프의 특성을 이용합니다.

문제

다음 그림과 같이 수력W, 화력F, 원자력E발전소에서 주변 3개의 도시 A, B, C에 전력을 공급하려고 합니다. 전력 공급선인 전선을 매장하기에 앞서 전선 연결 계획을 그래프로 나타낼 때 어느 두 선도 서로 교차하지 않게 하려고 합니다. 3개의 발전소와 3개의 도시 사이에 최대 몇 개의 전선을 연결할 수 있을까요?

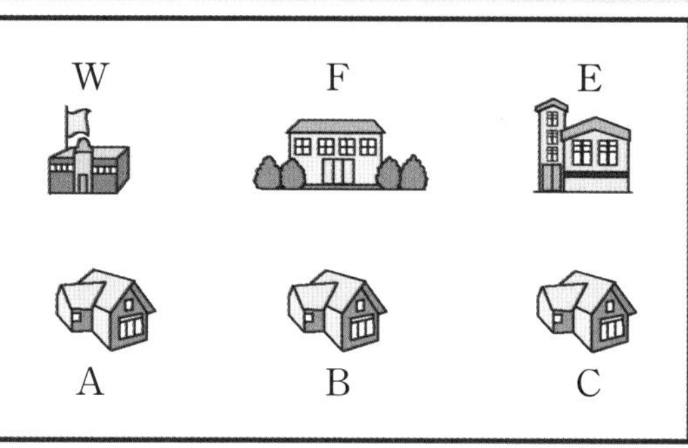

문제를 해결하기 위해서 먼저 주어진 상황을 간단히 나타내고 그래프로 그려 보기로 합시다. 수력발전소와 화력발전소, 원자력발전소 및 3개의 도시를 각각 꼭짓점으로 나타내면 다음과 같습니다.

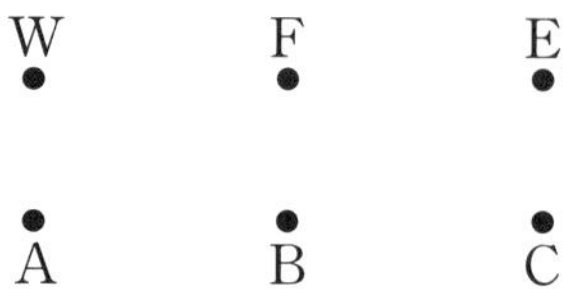

다음, 매장할 전선을 서로 교차하지 않게 다음 과정을 따라 선으로 그려 봅시다.

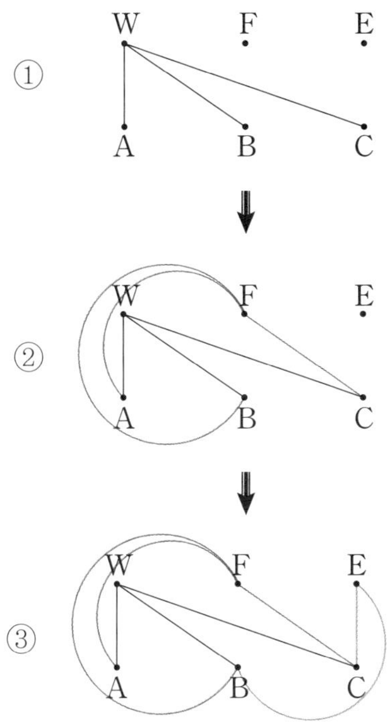

③의 그래프에서는 꼭짓점 A와 E가 변 WB, WC, CF, FB에 의해 만들어지는 폐곡선에 대하여 내부와 외부에 존재하므로 다른 변과 겹치지 않게 변으로 연결할 수 없어요. 따라서 최대 8개의 전력공급선을 연결할 수 있어요.

▨꼭짓점의 차수

그래프는 꼭짓점과 변으로 이루어져 있기 때문에 각 꼭짓점에 연결되어 있는 변의 개수는 그래프의 성질에 영향을 미치게 됩니다.

그러므로 이번에는 각 꼭짓점과 이 꼭짓점에 연결된 변의 개수에 대해 자세히 알아보겠습니다.

그래프에서 한 꼭짓점에 연결된 변의 개수를 그 꼭지점의 차수라고 합니다.

예를 들어, 다음 그래프에서 꼭짓점 A에 연결된 변은 AB와 AC이므로 꼭짓점 A의 차수는 2이고, 꼭짓점 C에 연결된 변은 CA, CB, CD이므로 꼭짓점 C의 차수는 3입니다. 한편 꼭짓점 D와 연결된 변은 DC 한 개뿐이므로 D의 차수는 1입니다.

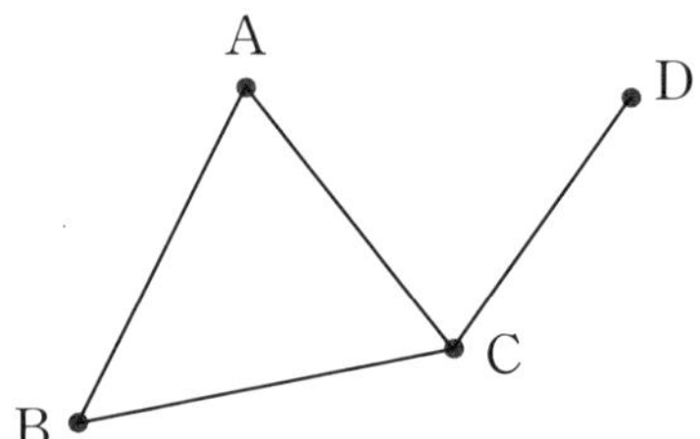

여기에서 잠깐! 어떤 꼭짓점의 차수가 짝수인 경우를 짝수점, 홀수인 꼭짓점은 홀수점이라고 합니다.

평소 꼼꼼하기로 소문난 다은이가 갑자기 질문을 했습니다.

"선생님, 그럼 꼭짓점의 차수가 그 꼭짓점에 연결된 변의 개수를 말하는 것이니, 각 꼭짓점의 차수를 모두 더하면 변의 개수랑 같겠네요?"

그러자 예리한 판단력을 지닌 창우가 다은이의 질문에 대해 자신의 생각을 이야기했습니다.

"그렇지 않아. 그래프에서 각 변은 양 끝에 2개의 꼭짓점을 가지고 있어서 변 AC는 꼭짓점 A의 차수를 구할 때도 세고, 꼭짓점 C의 차수를 구할 때도 세게 되잖아. 그러니까 그래프의 모든 꼭짓점의 차수의 합은 변의 개수의 2배가 되는 거야!"

"아! 그렇구나."

창우가 설명을 정확하게 잘하는군요. 실제로 앞의 그래프에서 모든 꼭짓점의 차수의 합을 구해 볼까요?

A의 차수는 2, B의 차수는 2, C의 차수는 3, D의 차수는 1이므로 모두 합하면 다음과 같습니다.

$$2+2+3+1=8$$

그런데 변의 개수는 4개입니다.

$$8=2\times4$$

즉 다음을 알 수 있습니다.

중요 포인트

(모든 꼭짓점의 차수의 합) = 2×(변의 개수)

▨ 완전 그래프

다은이가 갑자기 생각난 것이라도 있는 듯 가방에서 뭔가를 꺼내어 보여주며 말을 하기 시작했습니다.

"선생님과 함께 그래프를 배우다 보니 방금 생각이 났는데, 얼마 전에 학교 체육대회에서 그래프를 사용했던 것 같아요. 각 반 대항 발야구 경기와 줄다리기 경기를 하기 전에 대진표를 작성했는데, 생각해 보니 그 대진표가 바로 그래프였어요."

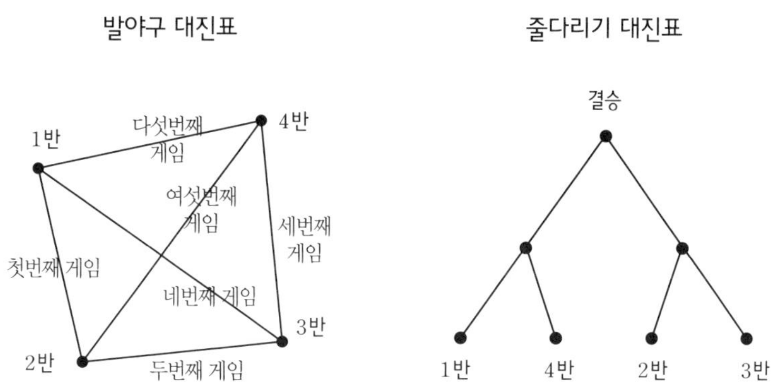

그래요. 다은이가 정확히 알고 있네요. 발야구 대진표와 줄다리기 대진표의 모양이 서로 다르지만 모두 그래프예요. 발야구 대진표는 4개 반이 서로 다른 반과 한 번씩 경기를 갖는 리그전

대진표입니다. 스포츠 경기에서 리그전은 모든 팀이 한 번씩 반드시 경기를 치르는 방식입니다.

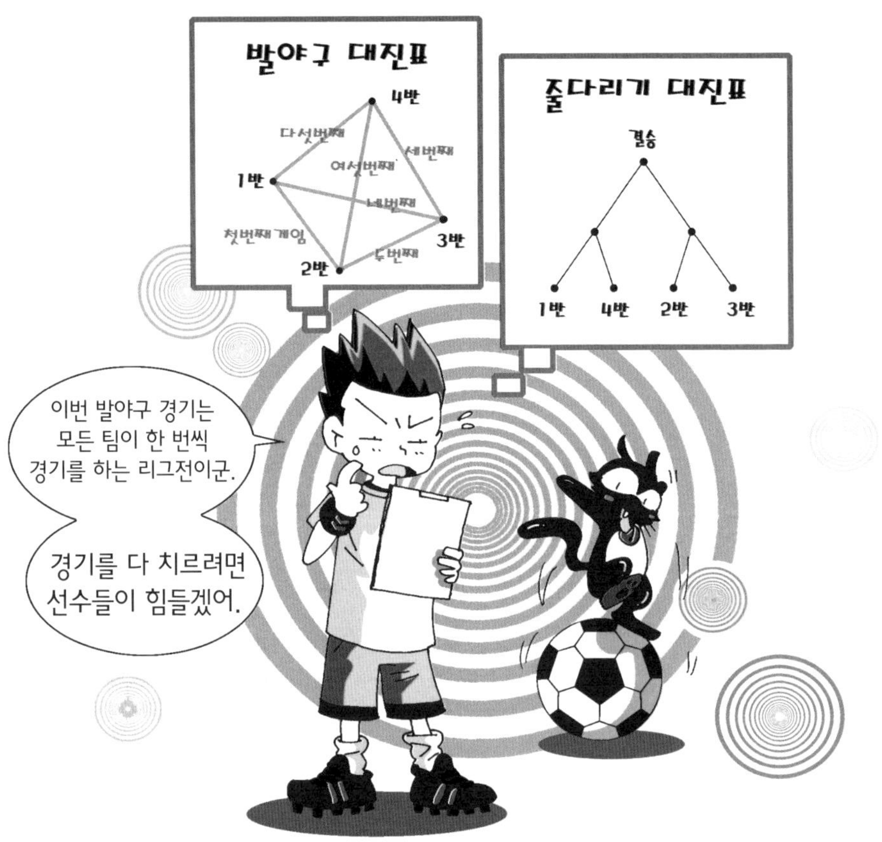

반면 줄다리기는 게임에서 이긴 승자들이 다시 게임을 치러 최종 승자를 정하는 토너먼트 방식의 대진표예요.

대진표에서 각 팀을 꼭짓점으로 보고 어느 두 팀이 경기를 하는 경우를 변으로 이으면 임의의 두 꼭짓점 사이에 변이 있는 그래프로 표현할 수 있어요.

다음 그림은 6개 팀이 리그전으로 경기를 치르는 모든 상황을 나타낸 그래프예요.

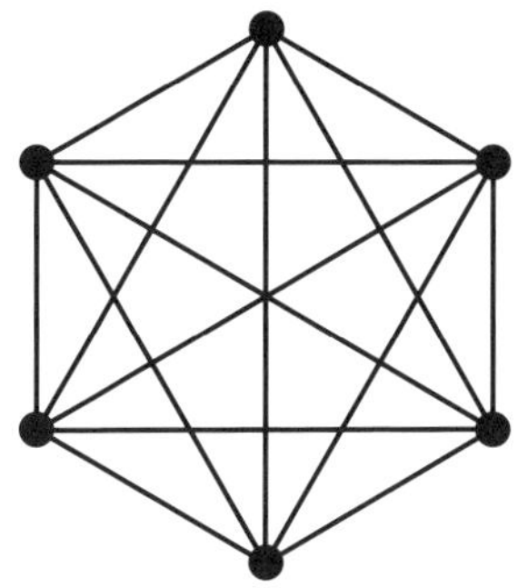

발야구 팀의 수가 2팀, 3팀, 4팀, 5팀일 경우를 생각해 봅시다.

이때 각 팀을 꼭짓점으로 하고 두 팀이 경기를 하는 경우를 변으로 나타내어 리그전의 그래프를 그려 보세요.

앞의 네 경우에 대하여 리그전의 그래프는 다음과 같습니다.

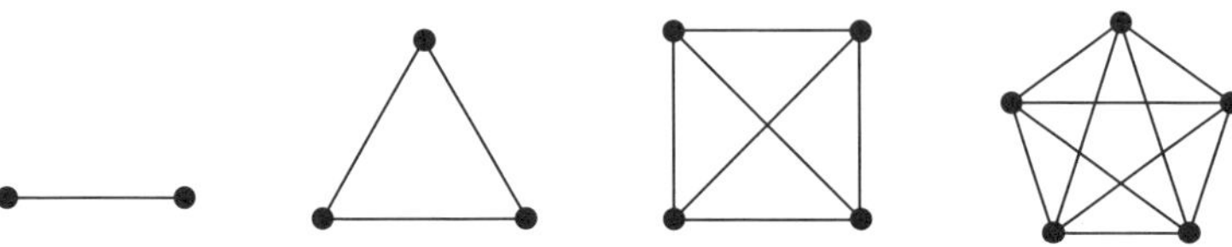

위의 그래프를 살펴보면 모두 서로 다른 두 꼭짓점 사이에 항상 변이 있음을 알 수 있습니다.

이와 같이 서로 다른 두 꼭짓점 사이에 항상 변이 있는 그래프를 완전그래프라고 합니다.

위의 각 경우에 대하여 꼭짓점의 개수, 각 꼭짓점의 차수 및 변의 개수를 정리하면 다음과 같아요.

꼭짓점의 개수	2	3	4	5	6
각 꼭짓점의 차수	1	2	3	4	5
변의 개수	1	3	6	10	15

그런데 완전그래프는 리그전의 경기를 그래프로 나타낸 것이므로 변의 개수는 바로 리그전의 전체 게임수를 의미합니다.

4개 팀이 리그전을 치르는 경우에 대해서 조금 더 자세히 알아볼까요?

리그전의 그래프를 살펴보면 4개의 꼭짓점이 각각 3개의 다른 꼭짓점과 변으로 연결되어 있음을 확인할 수 있어요. 따라서 변의 개수는 4×3개가 됩니다. 하지만 변으로 연결된 두 꼭짓점에서 변을 두 번씩 세었기 때문에, 결국 변의 개수는 $\frac{4\times3}{2}$개가 됩니다. 이것은 4개 팀이 리그전을 치르는 경우 모두 6번의 게임을 하게 된다는 것을 의미해요.

그러면 꼭짓점이 n개인 경우는 어떨까요?

꼭짓점의 개수가 n개인 완전그래프의 각 꼭짓점은 $(n-1)$개의 꼭짓점과 변으로 연결되어 있으므로 변의 개수는 모두 $n(n-1)$개예요. 하지만 모든 꼭짓점에서 변을 두 번씩 중복하여 세었기 때문에 변의 개수는 $\frac{n(n-1)}{2}$개가 됩니다. 마찬가지로 이것은 n개 팀이 리그전을 치르는 경우 모두 $\frac{n(n-1)}{2}$번의 게임을 치러야 한다는 것을 의미하기도 합니다.

두 번째 수업 정리

❶ **그래프의 정의** 아래 그림과 같이 점과 선으로 이루어진 그림을 그래프라고 합니다. 그래프에서 점을 꼭짓점, 두 꼭짓점을 연결한 선을 변이라 합니다.

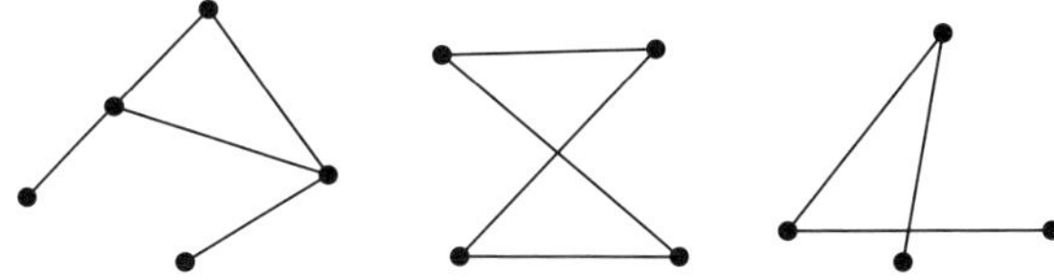

❷ **같은 그래프** 꼭짓점의 위치를 바꾸거나, 변을 구부리거나 늘이거나 줄여서 같은 그림으로 그릴 수 있는 그래프를 같은 그래프라고 합니다.

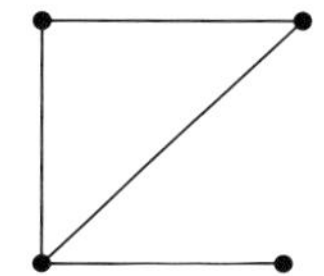

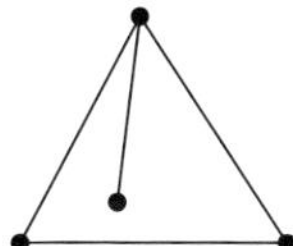

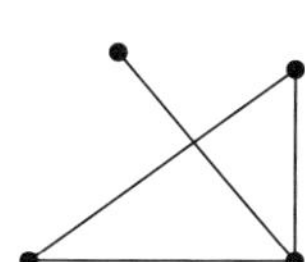

❸ 그래프의 성질

- 꼭짓점의 차수 : 그래프에서 한 꼭짓점에 연결된 변의 개수를 그 꼭짓점의 차수라고 합니다.
- 그래프의 모든 꼭짓점의 차수의 합은 그래프의 변의 개수의 2배입니다.

❹ 평면그래프

평면그래프 모든 변이 꼭짓점에서만 만나도록 평면 위에 다시 그릴 수 있는 그래프를 평면그래프라고 합니다.

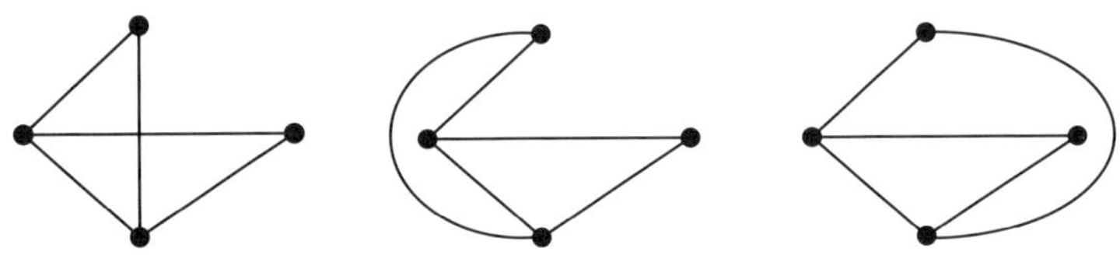

❺ 완전그래프

- 서로 다른 두 꼭짓점 사이에 항상 변이 있는 그래프입니다.
- 꼭짓점의 개수가 n인 그래프에서 각 꼭짓점의 차수는 $n-1$, 변의 개수는 $\frac{n(n-1)}{2}$입니다.

예를 들어, 오른쪽 그래프에서

각 꼭짓점의 차수는 4−1인 3입니다.

또 변의 개수는 $\frac{4 \cdot 3}{2}$=6입니다.

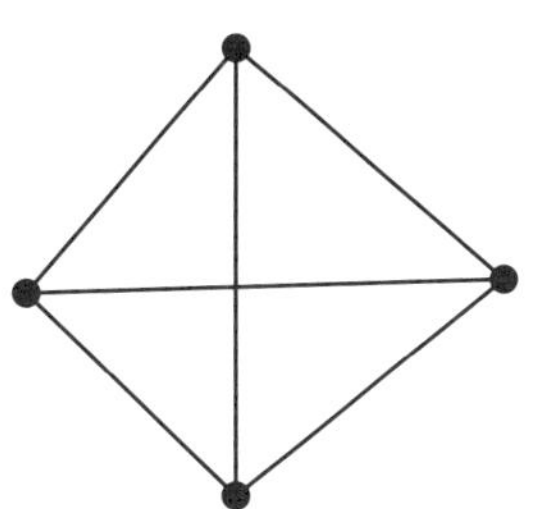

모든 변을 한 번씩!
오일러 회로

주어진 그래프에서
모든 변을 정확히 한 번만 지나가는 회로인
오일러 회로와
그것을 찾는 방법에 대해 알아봅니다.

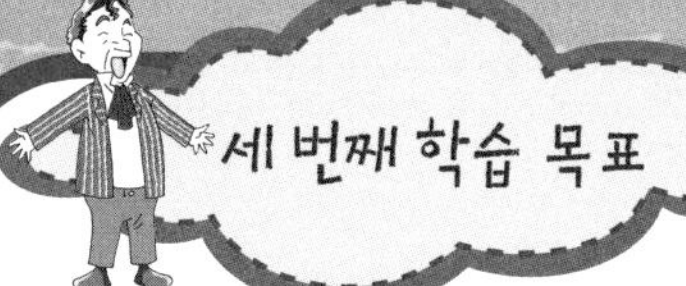

1. 경로와 회로의 뜻에 대해 알아봅니다.
2. 한붓그리기의 뜻과 한붓그리기가 되는 조건에 대해 알아봅니다.
3. 오일러 회로와 오일러 회로가 되는 조건에 대해 알아봅니다.
4. 오일러 회로의 활용에 대해 알아봅니다.

미리 알면 좋아요

1. 키르히호프 1824~1887 독일의 물리학자. 키르히호프의 법칙을 발견하여 복사론의 선구자가 되었으며, 스펙트럼 분석을 시도하여 분광학의 기초를 마련하였습니다.

오일러와 아이들은 오늘 동네 입구에서 만나 야외 수업을 하기로 했습니다.

오일러는 아이들을 세 팀으로 나누어 동네를 돌아보는 과제를 내 주었습니다. 모든 길을 반드시 지나가되 한 번 지나간 길은 다시 지나가지 않는 방법이 있는지를 생각하면서 동네를 돌아보는 것이었습니다.

한참 후 동네를 이리저리 돌던 아이들이 학교에 다시 모였습니니다. 아이들은 오일러가 내 준 과제에 대해 이야기를 하면서 수업이 시작하기를 기다렸습니다.

"너무 어려워요."

"아무리 생각해도 알 수가 없어요."

"여러 번 돌아봐야 알 것 같아요."

여러분들에게 동네를 돌아보도록 한 것은 우리가 사용하고 버리는 쓰레기를 새벽마다 치우시는 환경미화원 아저씨들께 조금이나마 도움을 줄 수 있는 방법이 없을까 해서예요. 동네의 골목길을 빠짐없이 돌아다니며 이집 저집 앞에 내놓은 쓰레기봉투를 수거해 가시잖아요!

다음 그림은 환경미화원 아저씨가 매일 돌아야 하는 우리 동네의 지도예요. 우리가 도와드릴 일은 환경미화원 아저씨가 모든 길을 반드시 지나가면서 한 번 지나간 길은 다시 지나가지 않고 쓰레기를 모두 치우기 위한 경로를 알아내는 거예요.

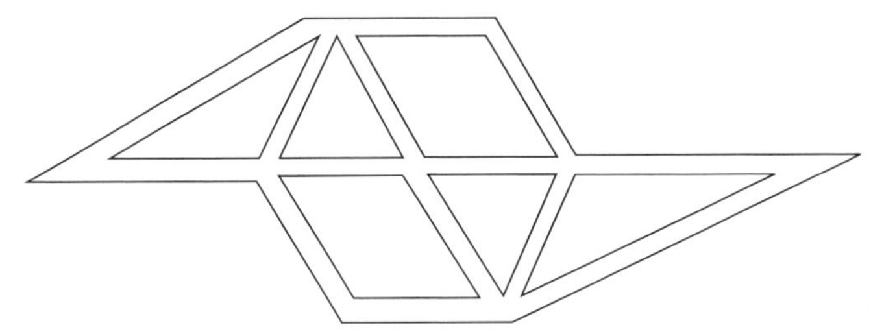

오늘도 동네를
한 바퀴 돌아야
겠군.

지나간 길을 다시
거치지 않고 도는
방법은 없나?

"선생님! 저희가 아무런 계획도 세우지 않고 그냥 돌아다니면서 알아보려고 하니 정확히 알 수가 없었어요. 지난 시간에 배운 그래프를 활용하면 어떨까요?"

좋은 생각이에요. 복잡한 상황을 필요한 부분만 단순화시켜서 보기 편리하게 나타낸 그래프! 그래프를 활용하면 좋을 것 같네요.

먼저 우리 동네를 그래프로 나타내 봅시다.

갈림길을 꼭짓점으로 하고 갈림길과 또 다른 갈림길을 연결하는 도로를 변으로 하여 그래프를 그리면 다음과 같아요.

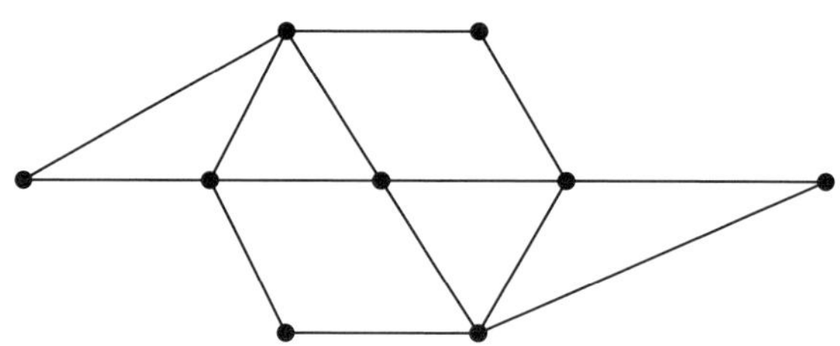

이 그래프에서 한 번 지나갔던 길은 다시 지나가지 않으면서 환경미화원 아저씨가 쓰레기를 모두 치울 수 있는 방법이 있을까요? 여러분이 아까 친구들과 지나갔던 길을 생각해 보면서 환경미화원 아저씨를 도울 수 있는 방법을 다시 찾아보세요.

오일러는 한참동안 아이들이 그래프에서 환경미화원 아저씨가 돌아야 하는 길의 순서를 찾아보도록 하였습니다.

얼마 후 창우가 환경미화원 아저씨를 도울 수 있는 길의 순서를 찾았다며 그래프 위에 화살표를 그려가며 설명을 하였습니다.

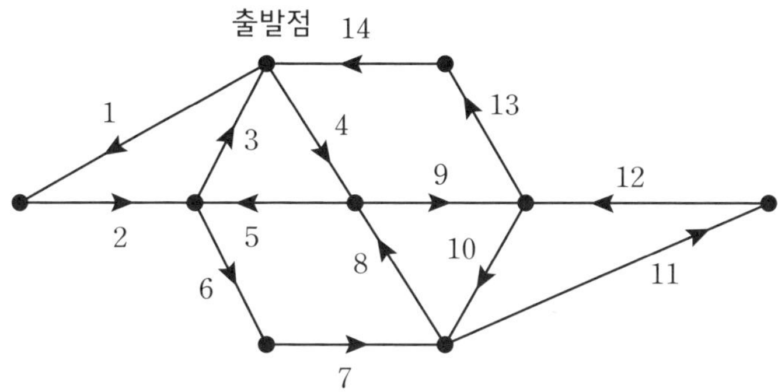

"출발점에서 시작하여

1→2→3→4→5→6→7→8→9→10→11→12→13→14

의 순서로 지나가면 한 번 지나갔던 길은 다시 지나가지 않으면서 쓰레기를 모두 치울 수 있어요."

"그런데 선생님, 환경미화원 아저씨를 돕기 위해서는 이렇게 직접 그려 보는 것 외에 다른 방법은 없나요? 직접 그려서 알아보는 방법은 번거롭고 시간이 너무 많이 걸려요."

직접 그려보는 것 외의 다른 방법? 물론 있죠! 이렇게 매력적인 문제를 수학자들이 그냥 두었겠어요?

같은 길을 두 번 이상 지나가지 않고
모든 길을 한 번씩만 지나가는 경로!

이렇게 그래프를 그려서 표시하면

환경미화원 아저씨가 한 번 지나갔던 길은 다시 지나가지 않으면서 쓰레기를 모두 치울 수 있어요.

척!

그런데 이렇게 직접 그려보는 것 외에 다른 방법은 없을까?

물론 있죠. 바로 한붓그리기 입니다.

하하..

짜~안

a
b
e
c
d

하지만

어떤 점에서 출발하느냐에 따라 한붓그리기가 될 수도 있고 안 될 수도 있어요.

이 경로를 찾는 문제는 이미 여러분들도 한 번쯤은 쉬는 시간에 친구들과 연습장에 몇 번이고 그려보았을 거예요. 종이 위에 도형의 각 변을 두 번 이상 지나지 않고 한 번씩만 지나도록 연필을 떼지 않고 한 번에 그리는 문제! 바로 한붓그리기 문제랍니다.

다음 그래프의 각 변을 두 번 이상 지나지 않고 한 번씩만 지나가도록 연필로 그려 보세요.

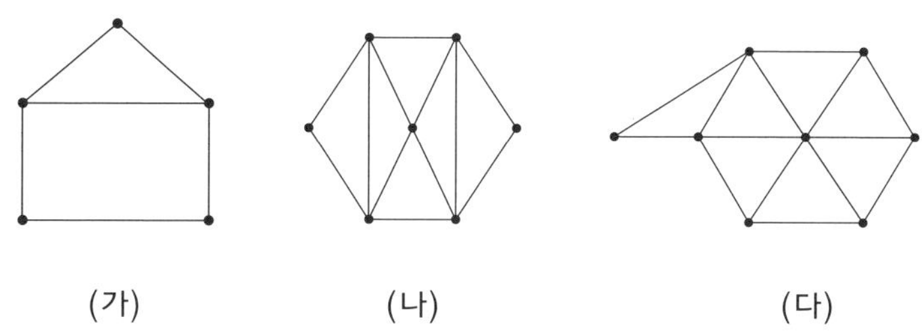

(가) (나) (다)

아이들은 저마다 즐거운 표정을 지으며 몇 번이고 그래프를 그려 보았습니다.

어때요? 한붓그리기가 되나요?

"(가)와 (나) 그래프는 한 번에 그려지지만 (다) 그래프는 한붓그리기가 되지 않아요."

"어? 저는 (나)만 한붓그리기가 되고, (가)와 (다) 그래프는 한붓그리기가 안 되는데요?"

아이들은 (나)와 (다) 그래프에 대해서는 한붓그리기의 생각이 같았지만 (가) 그래프에 대해 서로 다른 주장을 하였습니다. 아이들의 이야기를 듣고 있던 오일러는 얼굴에 행복한 미소를 지으며 수업를 계속하였습니다.

자~, 여러분의 생각이 조금 다른 것 같은데 확인해 볼까요?

도형들마다 각 변을 두 번 이상 지나지 않고 한 번씩만 지나가도록 그려보면 어떤 도형은 한 번에 그릴 수 있는 반면, 한 번에 그려지지 않는 도형도 있어요. 또 한붓그리기를 할 수 있는 도형이라 하더라도 어떤 점에서 출발하느냐에 따라 한붓그리기가 안 될 수도 있어요. (가)의 경우가 그렇답니다. 2개의 ■중 어느 한 곳에서 출발하면 한붓그리기를 할 수 있지만, 3개의 ▲중 어느 한 곳에서 출발하면 한붓그리기를 할 수 없어요. 그렇다면 어떤 경우에 한붓그리기를 할 수 있을까요?

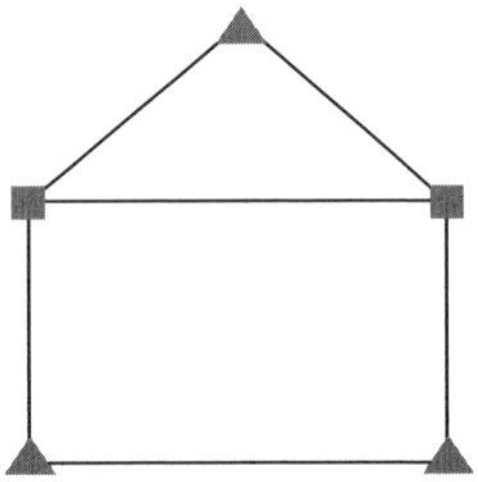

이 사실을 알아보기 위해 그래프를 좀 더 자세히 살펴보기로 합시다.

앞의 두 그래프에서 각각 변을 따라 이동할 경우 각 꼭짓점은 다음과 같이 세 가지로 나누어 생각할 수 있어요.

출발점　　도착점　　중간점

만약 그래프의 한 꼭짓점이 '중간점' 인 경우에 그 꼭짓점을 통과할 때는 들어가서 다시 나와야 합니다.

따라서 중간점의 경우 도중에 꼭짓점을 통과할 때마다 변이 2개씩 증가하게 됩니다.

즉 출발점과 도착점이 아닌 중간점은 모두 짝수점이 됨을 알 수 있어요.

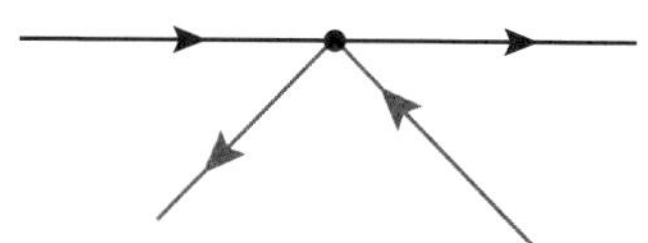

이제 '출발점' 과 '도착점' 에 대해 알아볼까요? 그래프에서 출발점과 도착점은 같은 경우도 있고 다른 경우도 있어요.

① 출발점과 도착점이 다른 경우

꼭짓점 P에서 출발한다고 합시다.

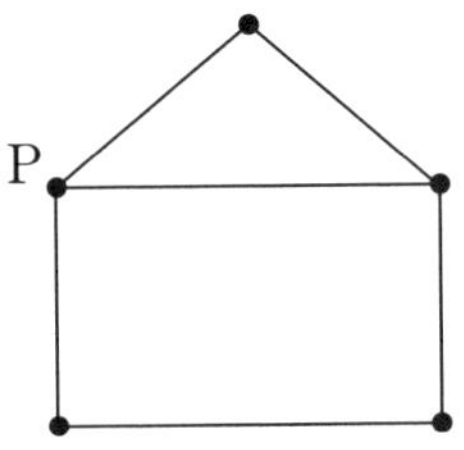

꼭짓점 P에서 출발하면서 1개의 변이 그려지고, 도중에 이 점

을 통과할 때 '들어가는 변', '나가는 변' 2개의 변이 증가하게 됩니다. 하지만 도착점이 아니므로 꼭짓점 P에는 모두 3개의 변이 그려지게 됩니다. 따라서 출발점인 꼭짓점 P는 홀수점이 되는 거죠.

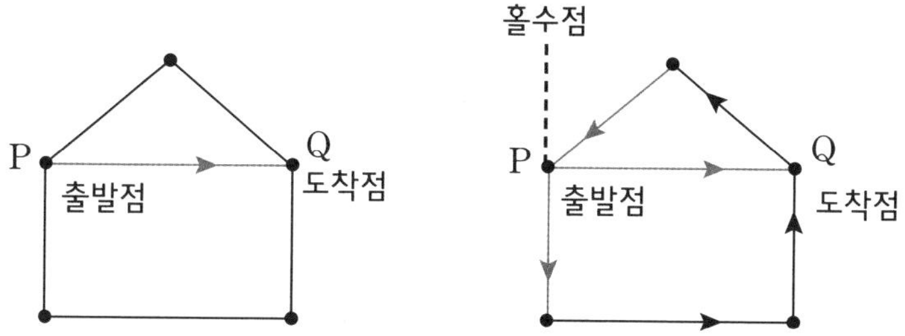

한편 꼭짓점 Q에는 꼭짓점 P에서 출발하여 꼭짓점 Q에 '들어오는 변', '나가는 변' 2개가 그려지게 됩니다. 게다가 이 점에 도착하게 되므로 들어가는 변이 1개 더 추가됩니다.

결국 꼭짓점 Q에는 모두 3개의 변이 그려지게 되며, 이 점 역시 홀수점이 됩니다.

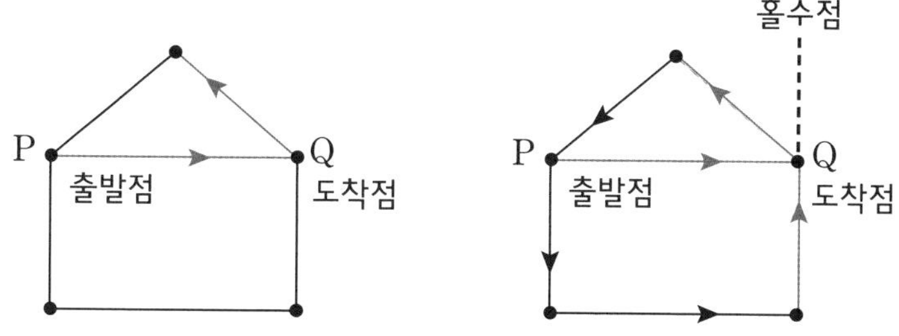

따라서 출발점과 도착점이 다른 경우의 한붓그리기를 해 보면 그래프의 출발점과 도착점의 두 꼭짓점만이 홀수점이며 다른 꼭짓점은 모두 짝수점이 됩니다.

② 출발점과 도착점이 같은 경우

다음 그래프의 꼭짓점 A에서 출발한다고 합시다.

꼭짓점 A에서 출발하면 1개의 변이 그려지며, 도중에 이 점을 통과할 때에 2개의 변이 증가합니다. 또 마지막에 이 점에 도착하게 되므로 1개의 변이 또 추가됩니다. 따라서 꼭짓점 A에서는 4개의 변이 그려지며 짝수점임을 알 수 있어요.

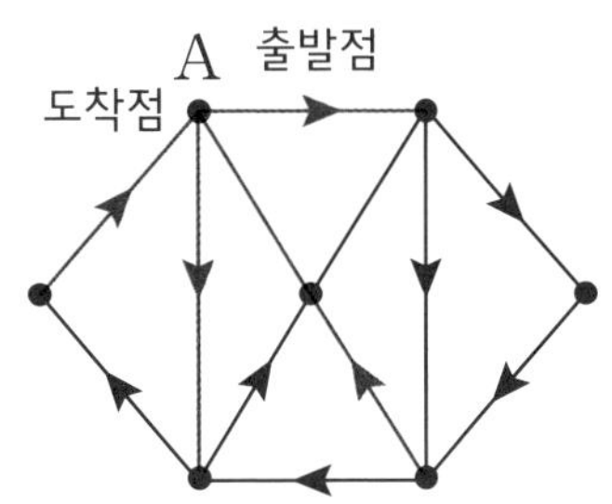

한편 꼭짓점 A를 제외한 나머지 꼭짓점들은 모두 출발점, 도착점이 아닌 중간점이므로, 짝수점이 됩니다.

따라서 출발점과 도착점이 같은 경우에 한붓그리기를 해 보면 그래프의 모든 꼭짓점이 짝수점이 됩니다.

이제 방금 설명한 내용을 정리해 보겠습니다.

중요 포인트

- **홀수점의 개수가 0인 그래프**

출발점과 도착점이 같은 경우로, 모든 꼭짓점이 짝수점이다. 이 경우엔 어떤 점에서 출발하더라도 출발한 점에서 끝나는 한붓그리기를 할 수 있다.

- **홀수점의 개수가 2인 그래프**

출발점과 도착점이 다른 경우이다. 한 홀수점에서 출발하여 다른 한 홀수점에서 끝나는 한붓그리기를 할 수 있다.

- 위의 두 가지 경우에 해당하지 않는 그래프는 어떤 경우라도 한붓그리기를 할 수 없다.

다음 그래프로 확인해 볼까요? 우선 직접 연필로 그려 보세요.

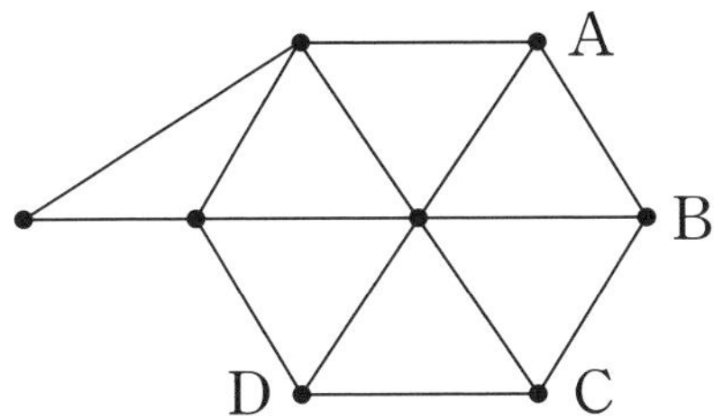

어떤가요? 여러분이 직접 해 보았듯이 이 그래프는 한붓그리기를 할 수 없어요.

또 실제로 각 꼭짓점의 차수를 따져 보면 4개의 꼭짓점 A, B, C, D가 홀수점이에요. 따라서 홀수점이 3개 이상이므로 당연히 한붓그리기를 할 수 없겠죠?

▨오일러 경로와 오일러 회로

한붓그리기에서와 같이 그래프의 한 꼭짓점에서 출발하여 반복하지 않으면서 또 다른 꼭짓점으로 이어진 변을 따라 이동할 때, 순서대로 꼭짓점을 나열한 것을 경로라고 합니다.

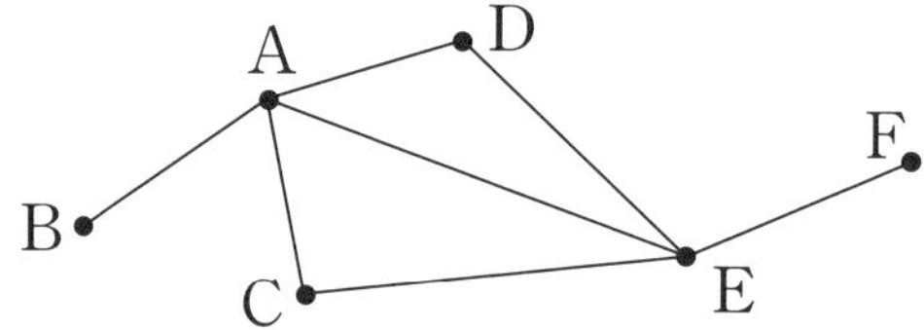

예를 들어, 위의 그래프에서 B에서 F로 가는 경로는 다음과 같은 것들이 있습니다.

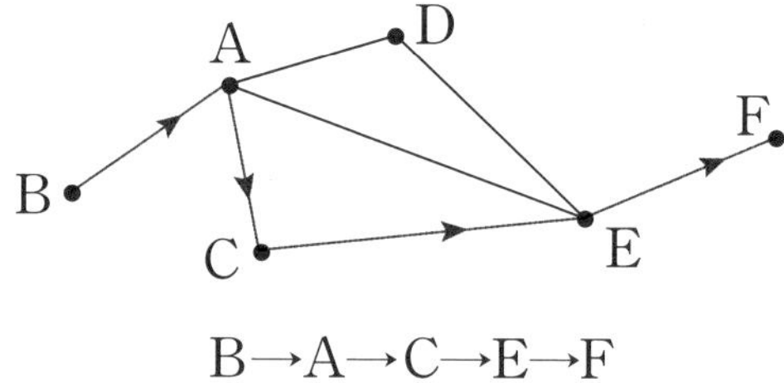

B→A→C→E→F

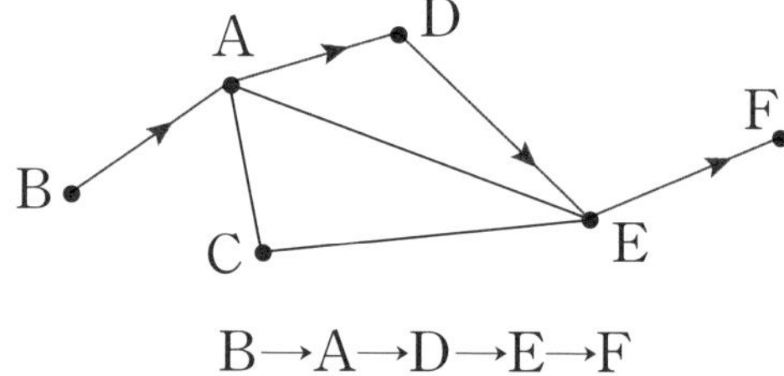

B→A→D→E→F

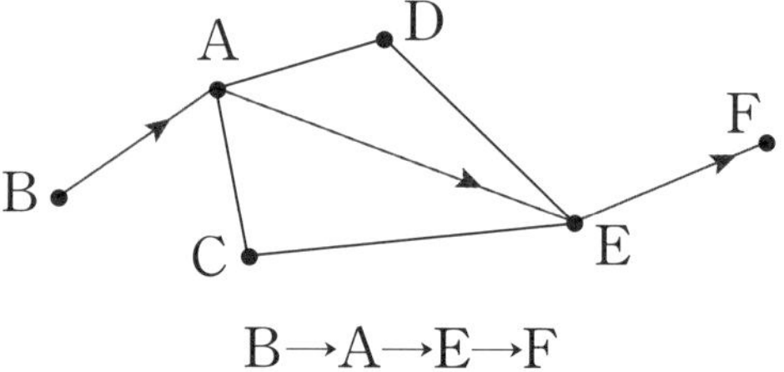

B→A→E→F

한편 한 꼭짓점에서 출발하여 다시 이 꼭짓점으로 되돌아오는 경로를 회로라고 부릅니다.

다음은 A에서 A로 되돌아오는 회로를 나타낸 것입니다.

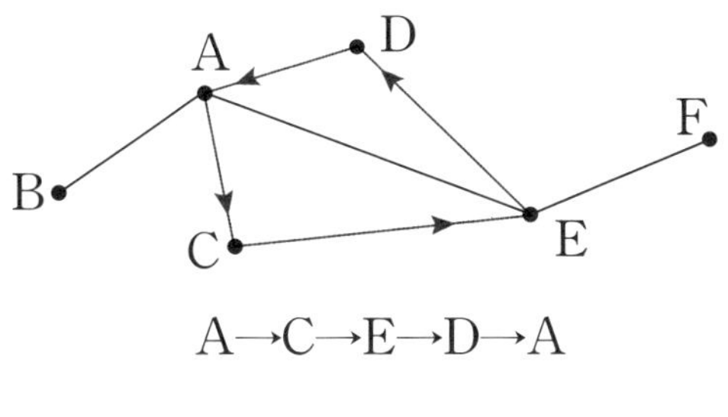

A→C→E→D→A

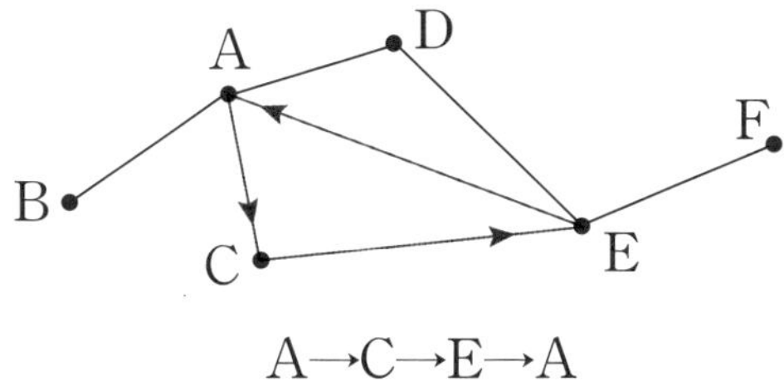

A→C→E→A

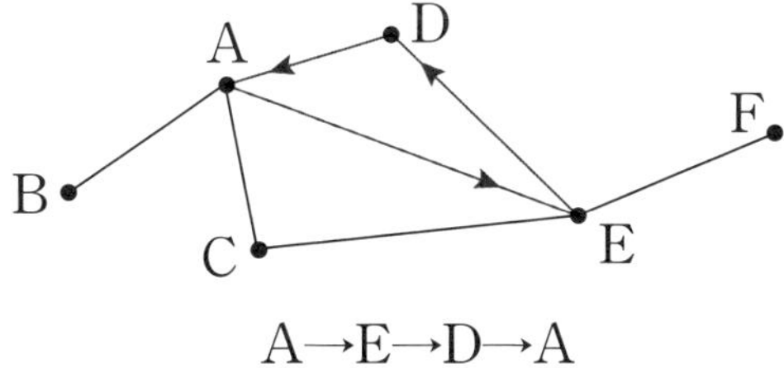

A→E→D→A

또 주어진 그래프에서 임의의 두 꼭짓점을 연결하는 경로가 있는 그래프를 연결된 그래프라고 합니다.

오일러는 한붓그리기에 대한 설명을 마친 후 이것과 관련하여 재미있는 이야기를 아이들에게 들려주었습니다.

약 200여 년 전 지금의 독일과 러시아의 국경 근처에 쾨니히스베르크라는 도시가 있었어요. 오늘날에는 러시아의 칼리닌그라드라고 하는데, 당시에는 동프로이센의 영토였어요.

이 도시를 가로질러서 프레겔 강이 흐르고 있는데 모두 7개의 다리가 강 위에 놓여 있었답니다.

이 도시에 사는 사람들은 일요일 오후가 되면 프레겔 강이 흐르는 도심을 산책하는 것을 매우 즐거워했어요. 어느 날 다리를 건너며 산책을 즐기던 시민 하나가 문제를 냈어요.

"각 다리를 정확히 한 번씩만 건너서 모든 다리를 지나갈 수 있을까?"

시민들은 재미있는 문제라고 생각하고 여러 가지 방법으로 문제를 풀어 보려고 애를 썼어요.

어떤 사람은 직접 걸어 다녀 보기도 하고, 어떤 사람은 다리에 1에서 7까지의 번호를 붙여 여러 가지 경우를 종이에 그려 보기도 했어요.

그런데 어찌된 일인지 명쾌하게 풀었다는 사람은 한 명도 나타나지 않았어요. 그러는 동안 이 문제는 널리 퍼지게 되었고 독일 전역에서 아주 '유명한 문제' 가 되었습니다.

1736년에 우연히 내가 이 도시를 방문하게 되었어요. 이를 알고 시민들이 나에게 몰려와서 이 문제에 대해 물어보더군요. 자신들이 풀지 못한 문제를 내가 속 시원히 해결해 주리라 잔뜩 기대를 했던 모양이에요. 나는 당시에 대수학자로 알려져 있었거든요.

문제를 받아들고 살펴보니 결코 복잡하거나 어려운 문제가 아니었어요. 그래서 간단히 대답했죠.

"이 문제는 어느 누구도 풀 수 없는 문제예요."

이 대답을 들은 시민들은 어떻게 그토록 쉽고 분명하게 대답할 수 있는지에 대해 어리둥절해 했어요.

나는 웅성거리는 시민들에게 그 원리를 친절하게 설명해 주었답니다.

흥미롭다는 듯이 귀를 쫑긋 세우고 이야기를 듣고 있는 아이들을 향해 오일러는 말을 계속 이어 갔습니다.

여러분도 내가 왜 그런 대답을 했는지 궁금하죠?

우선 시민들과 달리 내가 생각한 것은 다리의 길이와 강으로 둘러싸인 각 지역의 크기나 모양이 이 문제의 해결에 전혀 영향을 주지 않는다는 것이었어요.

그 다음은 여러분이 지금까지 공부한 방법을 이용했어요.

오일러는 미리 준비해 온 프레겔 강 지역이 나타난 지도를 학생들에게 나누어 주었습니다.

여러분, 우리 같이 해결해 볼래요?

먼저 앞에서 어떤 상황을 간단하게 그래프로 나타냈던 것처럼 프레겔 강 주변 지역과 다리의 복잡한 상황을 연결 상태만 같게 점과 선으로 간단히 나타내어야 하겠죠.

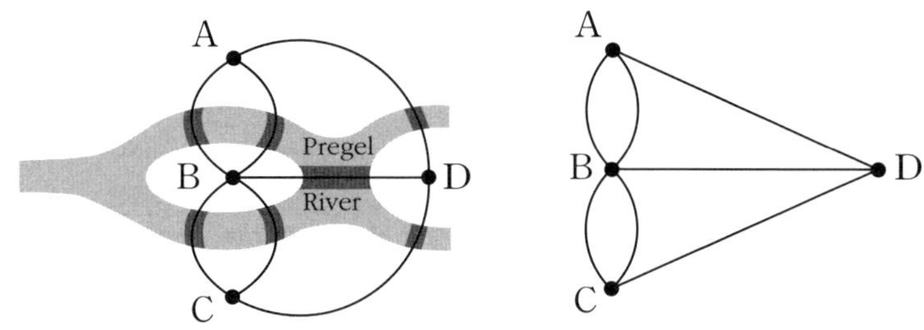

강으로 나누어진 네 영역을 각각 꼭짓점 A, B, C, D로 표시하고, 다리는 그 점들을 잇는 선으로 나타내면 위의 오른쪽 그림과 같이 간단히 나타낼 수 있어요.

여기서 잠깐! 시민이 냈던 문제를 다시 한 번 생각해 볼까요?

"각 다리를 정확히 한 번씩만 건너면서 모든 다리를 지나갈 수 있을까?"

"아! 선생님, 한붓그리기 문제예요."

도형의 각 변을 두 번 이상 지나지 않고 한 번씩만 지나도록 연필을 떼지 않고 한 번에 그리는 문제! 맞아요. 바로 한붓그리기 문제예요.

그럼, 우리가 그린 그래프에서 먼저 무엇을 알아보아야 할까요?

"각 꼭짓점의 차수를 구해서 홀수점이 모두 몇 개인지 확인해 봐야 해요."

"한붓그리기를 할 수 있으려면 그래프에서 두 꼭짓점만이 홀수점이거나 또는 모든 꼭짓점이 짝수점이어야 해요."

"그런데 앞의 그래프는 네 점 A, B, C, D가 모두 홀수점으로 되어 있어 한붓그리기를 할 수 없어요."

이야~ 이제 내가 할 일이 없는 것 같네요. 여러분 스스로 문제를 해결했잖아요.

위의 그래프에서 한붓그리기를 할 수 없다는 것은 곧, 다리 문제와 관련하여 한 다리를 정확히 한 번씩만 지나면서 모든 다리를 건너는 것이 불가능하다는 것을 뜻해요.

아이들은 많은 쾨니히스베르크 시민들이 해결하지 못했던 문제를 자신들이 스스로 해결했다는 것에 대해 매우 기뻐했습니다. 오일러 역시 매우 뿌듯해 했습니다.

1736년
천재수학자 오일러 님, 이 어려운 문제를 명쾌하게 해결해 주세요.
이 문제는 어느 누구도 풀 수 없는 문제입니다.
네? 풀 수 없다고요?!!
프레겔 강의 다리를 간단한 그래프로 만들어 보겠습니다.
A
B
C
D
앗! 한붓그리기 문제예요.
한붓그리기를 할 수 있으려면 그래프에서 두 꼭짓점만이 홀수점이거나 또는 모든 꼭짓점이 짝수점이어야 하죠.
그런데 위의 그래프는 네 점 A, B, C, D가 모두 홀수점으로 되어 있어 한붓그리기를 할 수 없어요.
얘들은 갑자기 뭐야?
그래서 나는 누구도 풀 수 없는 문제라고 한 겁니다.
A
B
C
턱

앞에서 확인한 바와 같이 꼭짓점과 선으로 이루어진 도형에서 홀수점이 2개인 도형은 한 홀수점에서 출발해야만 한붓그리기가 가능하고, 다른 홀수점에서 끝납니다. 이와 같이 홀수점이 2개인 도형의 모든 선을 정확하게 한 번씩만 지나간 길을 오일러 경로라고 해요.

또 홀수점이 없는 도형은 어느 점에서 출발하더라도 모든 선을 한 번씩 지나 다시 출발점으로 돌아오므로 한붓그리기가 가능합니다. 이와 같은 길을 오일러 회로라고 합니다.

내가 이 문제를 해결한 이후 사람들은 나를 그래프이론의 창시자라고 한답니다.

1736년 이후 그래프이론은 응용 수학적인 분야로 계속해서 발전해 왔으며, 지금도 여러 분야에서 활발하게 응용되고 있습니다.

현실세계의 복잡한 관계나 현상을 단순한 형태로 나타낸 그래프는 문제 상황을 보다 체계적으로 조직해 주기 때문에 수학뿐 아니라 사회, 경제, 과학 등 다른 분야에서도 광범위하게 이용될 수 있었던 거죠.

키르히호프는 전기회로를 연구하는 데 그래프이론을 이용하였고, 케일리는 화합물인 탄화수소의 구조를 연구하는 데 수형도의 개념을 이용하기도 했어요. 이것에 대해서는 뒤에 가서 자세히 설명해 주겠습니다.

그럼 지금부터는 그래프이론의 몇 가지 응용된 예, 특히 오일러 경로 및 회로가 어떻게 응용되고 있는지를 알아보기로 할까요?

예 1

민수는 한가람 미술관에서 일하는 전시실 설계가예요. 다음 그림은 민수가 이집트 미술 작품들을 전시하기 위해 설계한 것으로, 7개의 전시실과 각 전시실을 연결하는 10개의 문으로 이루어진 전시실 평면도예요.

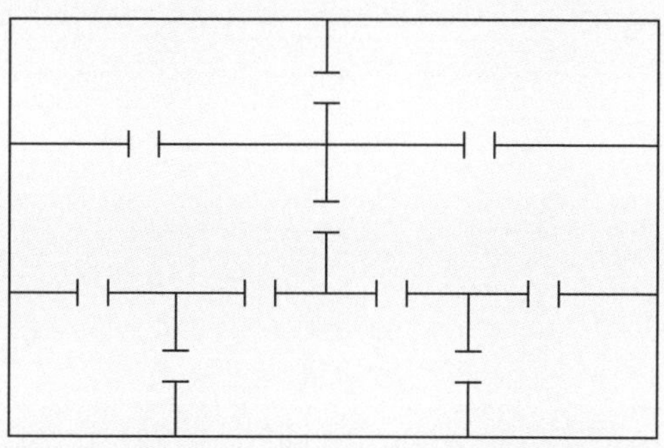

이 평면도에 따라 전시실을 꾸밀 경우, 관람객이 모든 문을 한 번씩만 통과하여 전시실 전체를 다 돌아볼 수 있을까요?

만약 그렇다면 입구와 출구는 어디에 만드는 것이 좋을까요?

먼저 7개의 전시실을 각각 점으로, 10개의 문을 선으로 나타내면 다음과 같은 그래프를 그릴 수 있습니다.

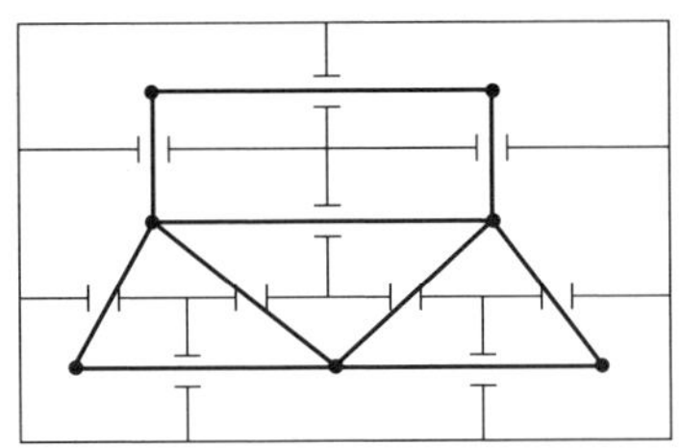

이 그래프는 홀수점이 없으므로 한붓그리기를 할 수 있어요. 어떤 점에서 출발해도 다시 제자리로 돌아오는 오일러 회로입니다.

따라서 이 미술관의 경우 관람객이 모든 문을 한 번씩만 통과하여 전시실 전체를 다 돌아볼 수 있어요. 또 어떤 곳이든 처음 들어간 곳으로 다시 나올 수 있기 때문에 입구와 출구를 꼭짓점의 어디에 설치해도 상관없습니다.

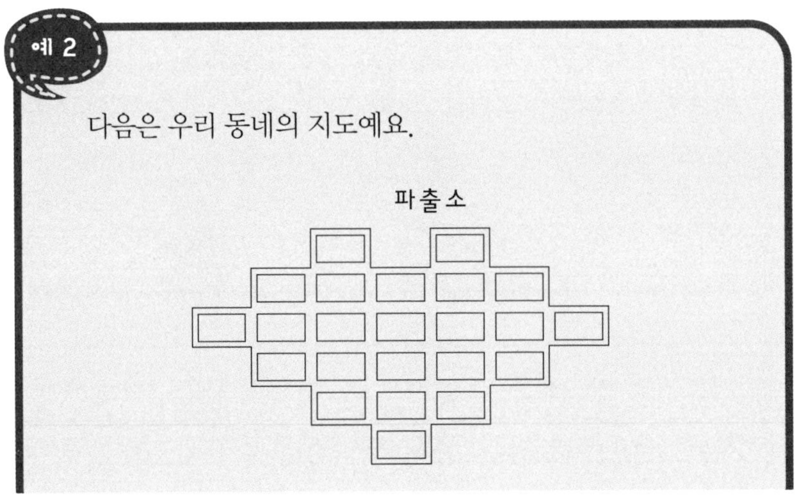

경찰관이 파출소를 출발하여 동네의 도로를 전부 순찰하려고 해요. 도로에 장애물이 없는지, 교통신호에 이상이 없는지 등을 알아봐야 하거든요. 파출소를 출발하여 한 번 지나갔던 도로는 다시 지나가지 않고 파출소로 돌아올 수 있을까요?

앞의 지도에서 각각의 도로와 도로가 만나는 지점을 꼭짓점, 각 도로를 변으로 하여 그래프로 나타내면 다음 그림과 같습니다.

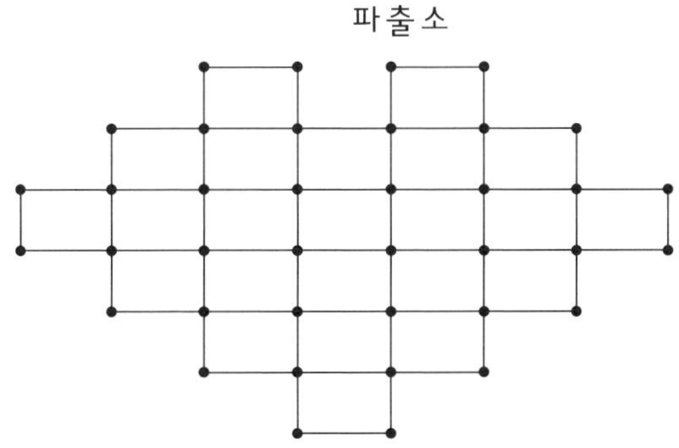

이때 그래프의 모든 꼭짓점이 짝수점이므로 오일러 회로가 존재합니다. 따라서 파출소를 출발하여 모든 도로를 한 번씩 순찰하고 파출소로 돌아올 수 있음을 알 수 있어요.

▨상상 플러스! 오일러 회로를 만들다

내가 이 문제에 대해 자세히 설명한 지 139년이 지난 1875년 쾨니히스베르크 시에서는 다음과 같이 여덟 번째 다리를 놓아 이 문제를 간단하게 해결했다고 해요.

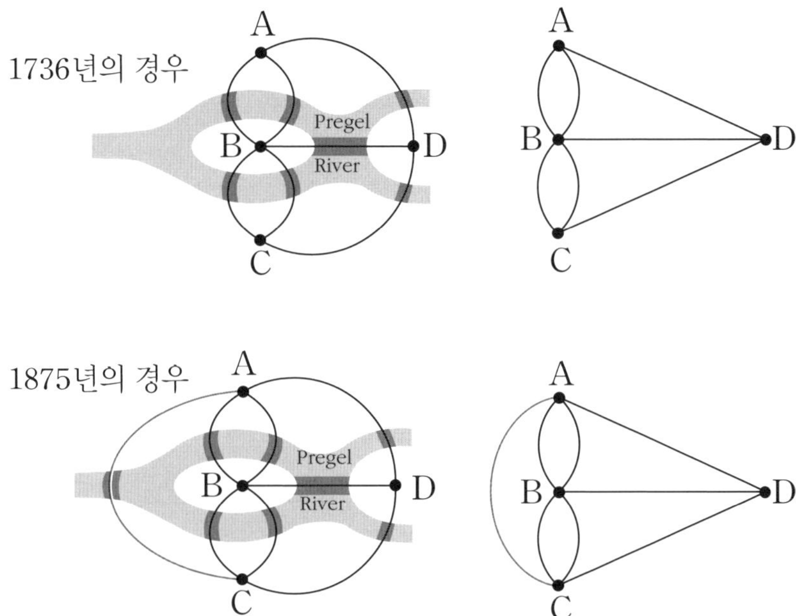

프레겔 강 주변 지역과 다리의 상황을 간단히 나타낸 그래프에서 한붓그리기를 할 수 없었던 이유는 홀수점이 4개라는 점 때문이었어요.

'그렇다면 상황을 조금 바꿈으로써 한붓그리기를 가능하게 할 수 있지 않을까?'

시에서는 이런 생각에 초점을 맞추어 A와 C를 잇는 다리를 하나 추가하여 홀수점의 수를 4개에서 2개로 줄였답니다. 멋있는 발상이죠! 이 경우에는 D나 B 어느 한 꼭짓점에서 출발하면 모든 다리를 단 한 번씩만 지나갈 수가 있게 됩니다. 물론 출발점에 도착하지는 못하지만요.

중국의 수학자 메이구 관Meigu Guan 역시 이와 비슷한 생각을 했어요.

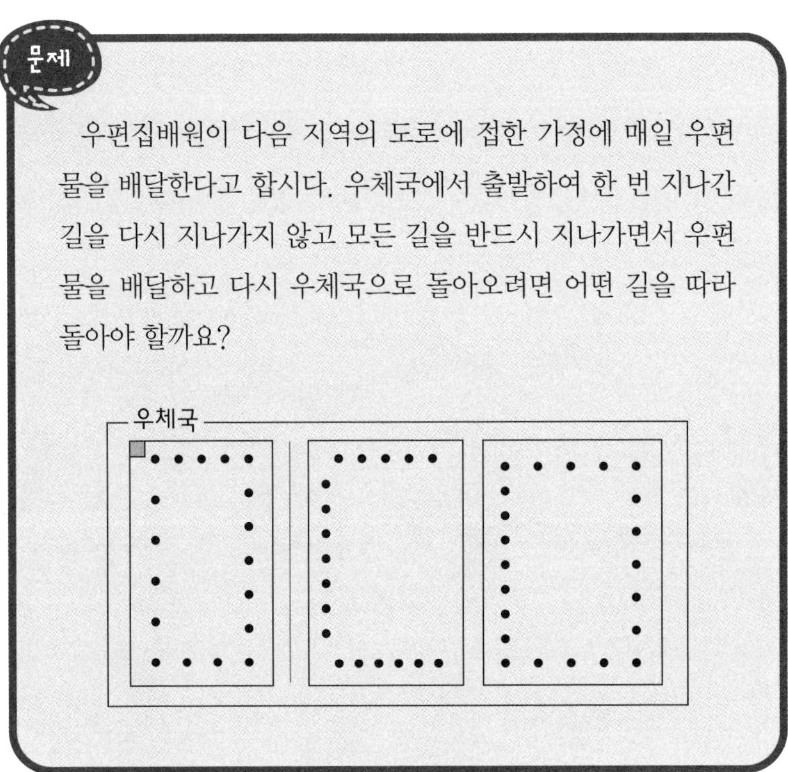

문제

우편집배원이 다음 지역의 도로에 접한 가정에 매일 우편물을 배달한다고 합시다. 우체국에서 출발하여 한 번 지나간 길을 다시 지나가지 않고 모든 길을 반드시 지나가면서 우편물을 배달하고 다시 우체국으로 돌아오려면 어떤 길을 따라 돌아야 할까요?

보다 편리하게 그 경로를 알아보려면 위의 상황을 그래프로 나타내는 것이 좋겠죠? 갈림길을 꼭짓점으로 하고 각 도로를 변으로 하여 그래프를 그리면 다음과 같아요.

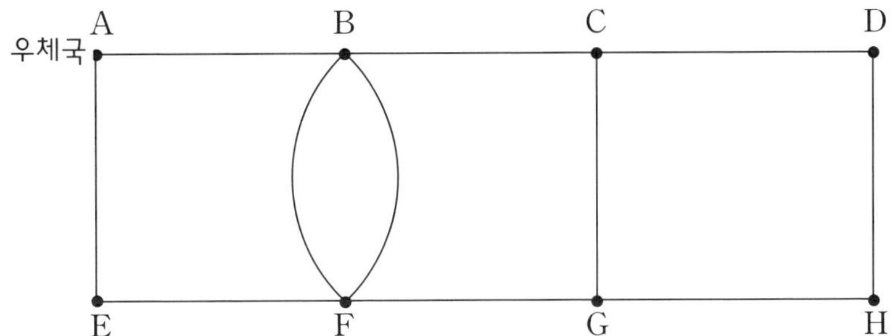

그래프에서 각 꼭짓점의 차수를 조사해 보면 꼭짓점 C와 G가 홀수점이라는 것을 바로 확인할 수 있습니다. 따라서 이 그래프에서는 홀수점인 C나 G 중 어느 한 점에서 출발할 경우에만 한붓그리기를 할 수 있어요. 이것은 우체국에서 출발할 경우에는 한붓그리기를 할 수 없는 것은 물론, 다시 우체국으로 돌아올 수도 없다는 것을 의미합니다.

하지만 상황을 조금만 바꾸면 우체국에서 출발하여 모든 변을 한 번씩만 지나면서 다시 우체국으로 돌아오게 할 수 있어요. 어떻게 바꾸면 될까요?

"그래프의 모든 점이 짝수점이 되도록 바꾸면 됩니다."

맞아요. 모든 점이 짝수점인 그래프는 어떤 점에서 출발해도 다시 그 점에 도착하는 한붓그리기를 할 수 있기 때문이에요.

위의 그래프에서는 꼭짓점 C와 G가 홀수점이므로 모든 점을 짝수점으로 만들기 위한 가장 간단한 방법은 다음과 같이 C와 G를 잇는 선을 긋는 것입니다.

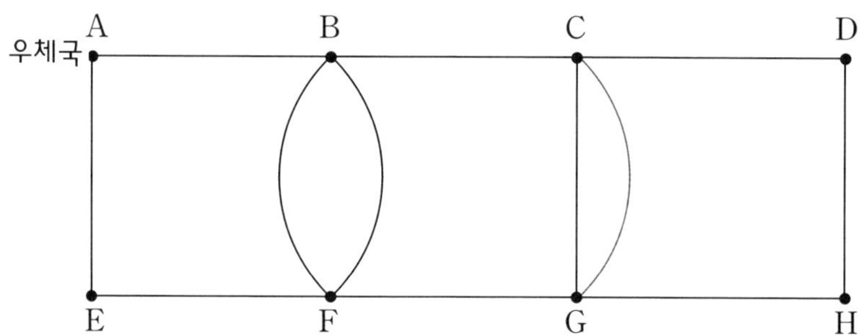

어때요, 모든 점이 짝수점인 그래프가 되었죠? 이 그래프에서는 꼭짓점 A우체국에서 출발하여 모든 변을 한 번씩만 지나 다시 우체국으로 돌아올 수 있습니다.

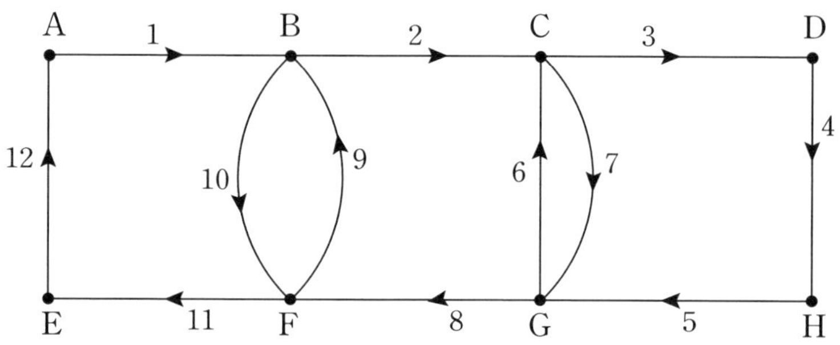

이와 같이 오일러 회로가 아닌 그래프에 변을 추가함으로써

모든 꼭짓점을 짝수점으로 만들어 오일러 회로를 만드는 것을 '오일러 회로 만들기'라고 합니다. 이때 그래프에 변을 추가하는 것은 실제로 또 다른 도로를 건설하는 것이 아니라 C와 G를 잇는 도로를 다시 지나가는 것을 의미합니다. 즉 같은 길을 두 번 지나가는 거죠.

▨중국의 우편집배원 문제

'오일러 회로 만들기'는 직사각형 모양으로 건설된 신도시의 주택가나 도로에서 거리 청소나 도로 정비, 쌓인 눈을 치우는 과정 등에서 많이 활용되고 있습니다.

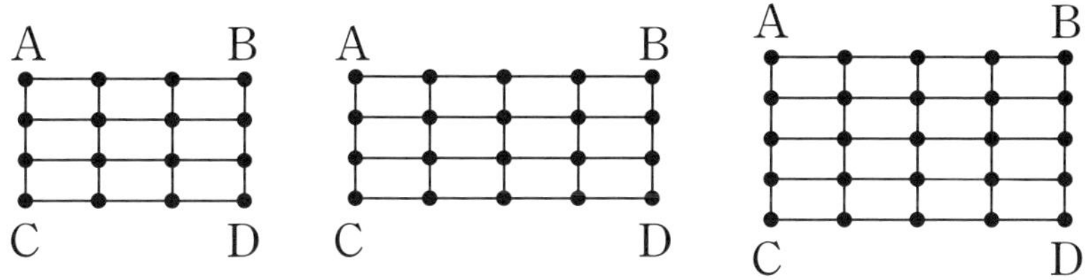

직사각형 모양의 주택가 및 도로를 나타낸 위의 세 그래프는 모두 3개 이상의 홀수점을 포함하고 있어 오일러 회로가 아닙니다. 따라서 위의 그래프로 나타내어지는 주택가 및 도로에서 거리를 청소하거나 쌓인 눈을 치울 경우에는 모든 도로를 한 번씩

지나 다시 제자리로 돌아올 수 없습니다.

그렇다고 거리의 쓰레기나 눈을 치우지 않고 그대로 둘 수는 없겠죠? 이와 같은 문제의 해결사, '오일러 회로 만들기'를 적용해야 할 것 같아요. 그래프에 변을 추가하여 모든 점을 짝수점으로 만들면 다음과 같아요. 물론 그래프에서 추가한 변은 같은 도로를 한 번 더 지나가야 한다는 것을 의미합니다.

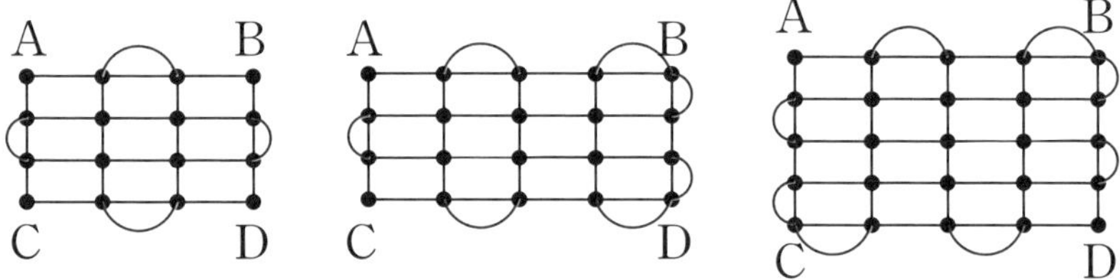

1962년 메이구 관은 오일러 회로를 만들기 위해 이미 한 번 지나간 변 중 다시 지나가는 변추가하는 변을 신중하게 선택함으로써 회로의 길이를 최소화하는 이와 같은 문제에 대해 연구를 했습니다. 그래서 이후에 이런 유형의 문제를 특히 중국의 우편집배원 문제라고 부르고 있지요.

다음과 같이 복잡한 그래프에서 중국의 우편집배원 문제를 생각해 볼까요?

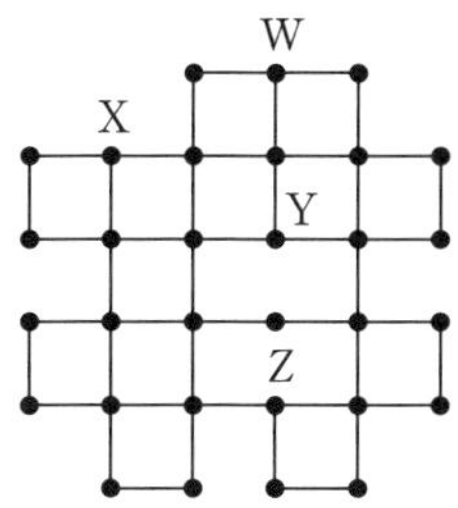

이 그래프에는 W, X, Y, Z의 4개의 홀수점이 있어요. 때문에 한붓그리기를 할 수 없는 것은 당연하겠죠. 이 경우 그래프에 변을 추가하여 한붓그리기가 가능한 오일러 회로를 만드는 방법은 여러 가지가 있습니다.

오일러는 그래프가 그려진 종이를 아이들에게 나누어 주고 직접 그래프에 변을 추가하여 '오일러 회로 만들기'를 해 보도록 하였습니다. 한참 후 오일러는 아이들이 만든 여러 가지 오일러 회로를 칠판에 붙여 놓았습니다.

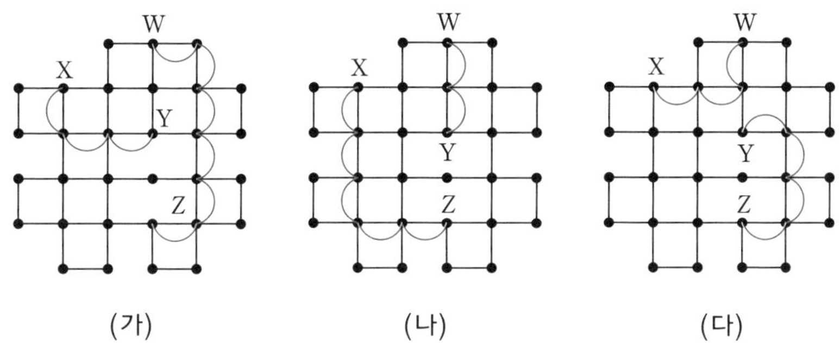

(가) (나) (다)

앞의 세 그래프를 살펴보면 (가)는 9개의 변을 추가하여 만들었으며, (나)와 (다)는 각각 7개의 변을 추가하여 만들었음을 알 수 있어요. 따라서 회로의 길이를 최소화하면서 오일러 회로가 되도록 변을 추가한 것은 (나)와 (다)입니다.

다음 시간에는 오일러 경로나 회로를 결정하는 것과 유사한 문제인 하나의 그래프에서 각 꼭짓점을 한 번씩만 지나는 경로나 회로를 찾는 문제에 대해 알아보기로 하겠습니다.

세 번째 수업 정리

1 **점, 선, 면** 때때로 문제 상황을 그림으로 나타내면 어떤 사건이 발생할 경우의 수를 구하기가 매우 편리합니다.

- 경로 : 그래프의 한 꼭짓점에서 이어진 변을 따라 반복하지 않으면서 또 다른 꼭짓점으로 이동할 때, 순서대로 꼭짓점을 나열한 것.
- 회로 : 한 꼭짓점에서 출발하여 이 꼭짓점으로 돌아오는 경로.
- 연결된 그래프 : 임의의 두 꼭짓점을 잇는 경로가 있는 그래프.

2 **한붓그리기** 그래프에서 연필을 떼지 않고 모든 변을 오직 한 번만 지나는 것을 한붓그리기라고 합니다. 연결된 그래프에서 한붓그리기가 가능하려면 출발점과 도착점을 제외한 모든 꼭짓점의 차수가 짝수이어야 합니다.

❸ **오일러 회로** 연결된 그래프에서 꼭짓점은 여러 번 지날 수 있지만 모든 변을 오직 한 번씩만 지나는 회로를 말합니다.

- 연결된 그래프에서 모든 꼭짓점의 차수가 짝수이면 오일러 회로가 존재합니다.
- 어떤 그래프가 오일러 회로를 갖는다고 가정해 봅시다. 오일러 회로의 한 꼭짓점에서 출발하여 그 꼭짓점으로 들어갈 때까지 오일러 회로를 따라가면 각 꼭짓점에 대하여 들어가는 횟수와 나가는 횟수가 같습니다. 그러므로 그래프에서 각 꼭짓점에 이어져 있는 변의 수, 즉 꼭짓점의 차수는 짝수입니다.

더 깊게 더 넓게 1

위상기하학과 그래프이론

'원, 정삼각형, 정사각형, 사다리꼴, 마름모'

수학에서는 이들 도형을 서로 '다른 도형'으로 보는 관점이 있는가 하면, 단일폐곡선이라는 '같은 도형'으로 보는 관점이 있어요. 전자의 관점으로 보는 수학 분야를 유클리드 기하학이라 하며, 후자의 관점으로 보는 수학 분야를 위상기하학이라 합니다.

유클리드 기하학에서는 크기와 모양이 같아야만 같은 도형으로 취급합니다. 학교에서 여러분이 배우는 도형에 관한 수학은 대부분 유클리드 기하학이라고 할 수 있어요. 모양과 길이에 따라 각 도형을 매우 엄격하게 구별합니다.

하지만 위상기하학에서는 도형의 크기나 모양이 변하여도 도형의 연결 상태만 같으면 같은 도형으로 간주합니다. '연결 상태가 같다'는 것은 크기와 모양이 다른 두 도형을 휘거나 비틀거나 늘이거나 줄이거나 해서 서로 겹치게 할 수 있다는 것을 의미해요. 이와 같은 성질로 인해 도넛과 커피 잔을 같은 모양으로 생각하기까지 합니다. 도넛과 커피 잔이 같은 도형이라니, 도저히 상상이 안 되죠?

실제로 말랑말랑한 찰흙으로 만든 도넛을 이용하여 알아볼까요?

찰흙으로 만든 도넛의 한쪽을 옆으로 쭈우~욱 늘린 다음, 늘어난 부분을 위에서 눌러 원통을 만듭니다. 또 구멍이 뚫려 있던 부분은 손잡이를 만들고요. 커피 잔 맞죠? 이렇게 찰흙을 조금이라도 잘라 내거나 이어붙이지 않고도 커피 잔을 만들 수 있으므로 도넛과 커피 잔을 같게 보는 것입니다.

위상기하학은 자유자재로 늘이거나 구부리거나 할 수 있는 고무판으로 모양을 만들 수 있다는 것과 같아서 '고무판 위의 기하학' 이라고 부르기도 해요. 그래프이론은 이 위상기하학의 한 분야로서 이해할 수 있으며, 점과 선으로 이루어진 도형의 성질

을 연구하는 학문이에요.

그래프이론에서 그래프는 단순히 점과 선으로 구성된 도형을 말합니다. 선이 구부러졌는지, 곧은지, 짧은지, 굵은지, 얇은지 등의 모양과 길이 따위는 전혀 문제가 되지 않아요. 단지 점과 선의 연결 상태만이 관심거리지요. 그래서 정삼각형, 둔각삼각형, 이등변삼각형, 직각삼각형은 모두 '3개의 점과 3개의 선으로 이루어진 같은 그래프'로 간주합니다.

더 깊게 더 넓게 2

이산수학과 그래프이론, 최적화

이산집합Discrete set이란 그것의 원소들의 개수를 셀 수 있는 집합을 말합니다. 이러한 이산집합 위에 정의된 수학적 체계에 대하여 연구하는 학문 분야를 이산수학Discrete mathematics이라 하지요.

이산discrete의 사전적 정의는 '분리된', '따로따로의', '불연속의' 등입니다. 따라서 이산수학은 대부분의 해석학과 미분, 적분학의 토대가 되는 연속수학의 고전적 개념과 대조됩니다. 따라서 잠재적으로 분리된, 불연속인 부분으로 나눌 수 있는 대상과 아이디어의 연구와 관련된 수학이라고 정의할 수 있습니다. 해석학과 미분, 적분학의 주제들은 실수 또는 복소수 체계를 근거로 하는 반면 이산수학의 주제들은 개별적이거나 유한한 자연수와 같은 수들의 집합만을 다룹니다.

조합론, 그래프이론, 기호 논리학, 이산적 최적화, 암호론, 부울 대수학, 알고리즘 분석 등 수학의 다양한 분야들이 이산수학에 포함됩니다.

전산학, 정보통신분야, 전기공학, 사회학, 심리학, 생태학 등의 다양한 분야에 응용될 수 있다는 점에서 이산수학은 최근에 가장 급속히 발전하고 있는 현대 수학 분야의 하나입니다.

특히 이산수학은 컴퓨터를 다루고자 할 때 꼭 필요한 수학분야로, 컴퓨터의 등장과 함께 급속히 발달되었습니다. 홍수처럼 쏟아지는 신기술로 나날이 복잡해지는 정보화 시대에 부응하는 현대인을 길러내기 위하여 전공을 불문하고 모든 학생들에게 어느 정도의 이산수학 교육을 시키는 것이 필수라고 할 수 있습니다.

J.A.dossey는 이산수학의 세기에 관련되는 문제 상황을 다음과 같은 세 가지 범주로 나누어 생각하였습니다.

첫째, 존재성 문제로 주어진 문제의 해가 있느냐 없느냐를 다루는 것.

둘째, 세기의 문제로 해가 있다고 알려진 문제에 대하여 얼마나 해가 존재하느냐 하는 것.

셋째, 최적화의 문제로 특별한 문제에 대한 최선의 해를 발견하는 것.

이런 문제들에 대한 해를 구하는 알고리즘의 개발과 분석이 이산수학의 핵심입니다.

이산수학은 실생활에서 쉽게 접할 수 있는 문제를 소재로 하여 실험적 과정을 거치면서 학생 스스로 학습할 수 있는 학습자 위주의 교육방법을 택하고 있습니다. 결론적으로 이산수학은 수학의 전 분야를 통틀어서 가장 기초적인 내용을 담고 있는 수학이라고 할 수 있습니다.

이산수학의 문제들은 실생활과 밀접하게 관련되어 있기 때문에 복잡한 계산 문제와 같이 틀에 박힌 수학 문제로 인하여 수학에 대한 흥미를 잃은 학생들에게도 수학에 대한 의미와 흥미를 제공할 수 있습니다. 이런 과정은 학생들의 다양한 문제풀이 전략들을 개발시킬 수 있을 뿐만 아니라 학생들의 언어와 구술 능력을 발달시킬 수 있습니다. 또한 논리 전개 단계에서 서로의 생각이 맞는지 검증하도록 함으로써 정밀한 사고와 추론을 하도록 만듭니다.

이산수학은 수학이 딱딱하고 어렵고 재미없다고 생각하는 학생들이나 수학적 배경이 약한 학생들에게도 능동적으로 참여할 수 있는 기회를 제공합니다. 또한 이산수학은 계산기와 컴퓨터

등을 도구로 하여 컴퓨터 과학의 여러 분야에서 다루어지는 여러 가지 문제를 해결하기 위하여 수학의 개념과 기술을 이용하기 때문에 학생들로 하여금 보다 더 수학을 잘 이해하여 즐거움을 느끼게 하는 데 적합한 수학이라 할 수 있습니다.

모든 꼭짓점을 한 번씩!
해밀턴 회로

주어진 그래프에서
모든 꼭짓점을 오직 한 번씩만 지나면서
출발점으로 돌아오는
해밀턴 회로와 그 활용에 대해 공부합니다.

1. 해밀턴 경로와 해밀턴 회로의 뜻에 대해 알아봅니다.
2. 해밀턴 회로의 활용에 대해 알아봅니다.

미리 알면 좋아요

1. 암산 천재, 콜번Zerah Colburn, 1804~1840 미국에서 태어난 콜번은 역사상 가장 유명한 암산 천재입니다. 여덟 살에 이미 암산 신동으로 유명해져 유럽으로 순회공연을 다니기도 하였습니다. 그는 네 자리 수 2개의 곱은 듣자마자 답을 하였으며, 8의 16제곱을 구하는 문제는 단 몇 초 만에 답을 했다고 합니다. 또 곱셈 암산은 물론 제곱근 및 세제곱근, 소인수분해의 암산에서도 뛰어난 능력을 보였다고 합니다. 106929의 제곱근과 268336125의 세제곱근을 구하는 문제는 숫자를 칠판에 적자마자 바로 327과 645라고 답을 하였습니다.

2. 《프린키피아》 뉴턴의 역학 및 우주론에 관한 연구를 집대성하여 저술한 책입니다. 원 제목은 《자연철학의 수학적 원리Philosophiae Naturalis Principia Mathematica》로 뉴턴의 3대 발견, 즉 중력법칙, 미적분, 빛의 입자설 중 중력법칙에 관한 내용을 기하학 법칙을 사용하여 설명하였습니다. 이 책을 통해 처음으로 만유인력의 원리를 널리 알렸으며, 이 만유인력이 존재함을 가정하고 세 개의 운동법칙을 바탕으로 한 수학적 추론을 통해 천체의 운동을 성공적으로 기술하였습니다. 이 책은 당시 유럽 사상계 전체에 깊은 영향을 주기도 하였습니다.

3. **다면체** 과자 상자와 같이 모든 면이 다각형으로 되어 있는 입체도형을 다면체라 합니다. 다면체를 둘러싸고 있는 다각형을 다면체의 면, 다각형의 변을 다면체의 모서리, 다각형의 꼭짓점을 다면체의 꼭짓점이라고 합니다. 다면체는 그 면의 개수에 따라 사면체, 오면체, 육면체. …로 나뉩니다.

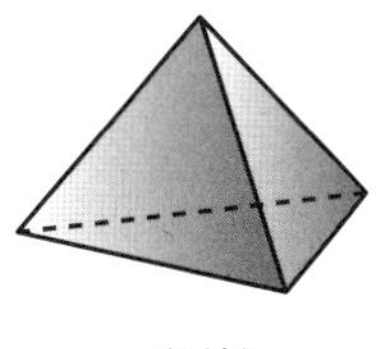
사면체

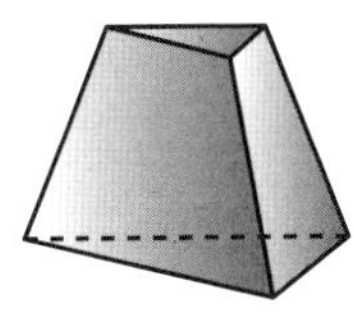
오면체

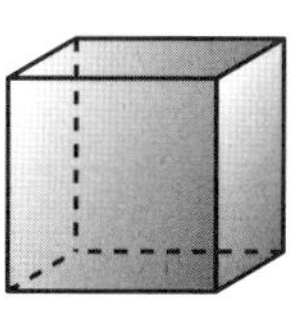
육면체

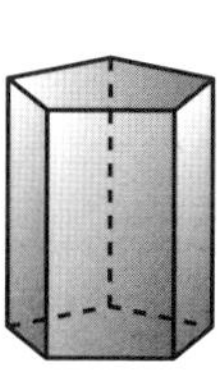
칠면체

4. **정다면체** 각 면이 모두 합동인 정다각형이고, 각 꼭짓점에 모이는 면의 개수가 같은 다면체를 정다면체라 합니다. 정다면체는 정사면체, 정육면체, 정팔면체, 정십이면체, 정이십면체 다섯 가지뿐입니다.

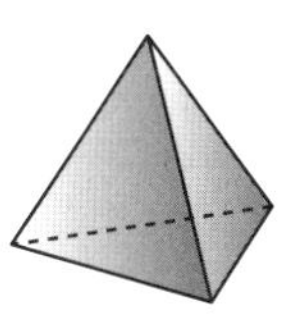
정사면체

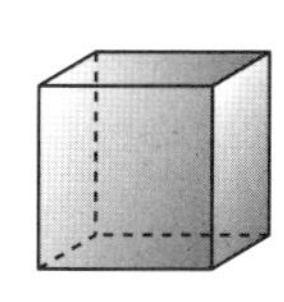
정육면체

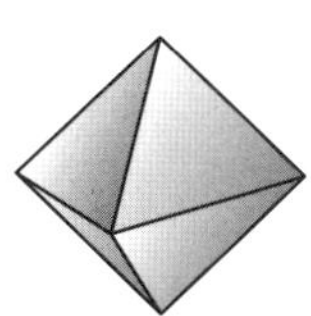
정팔면체

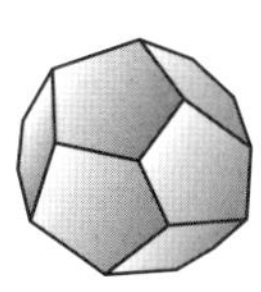
정십이면체

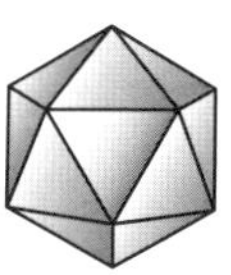
정이십면체

Dank für die Auszeich
urch die Aufnahme unter ihre Corr
ht zu Theil werden lassen, glaube ich am
zu erkennen zu geben, dass ich von der
n Erlaubniss baldigst Gebrauch ma
ng einer Untersuchung über die Hä
mzahlen; ein Gegenstand, welcher d
esse, welches Gauss und Dirichlet dem
Zeit geschenkt haben, einer solchen M
cht nicht ganz unwerth erscheint.
dieser Untersuchung diente mir als A
die von Euler gemachte Bemerkung

$$\prod \frac{1}{1-\frac{1}{p^s}} = \sum \frac{1}{n^s},$$

für p alle Primzahlen, für n alle g
gesetzt werden. Die Function der complexen
ichen s, welche durch diese beiden Ausdr
n convergiren, dargestellt wird, bezei
convergiren nur, so lange d
le Theil von s grösser als 1 ist; es lässt sich indess
immer gültig bleibender Ausdruck der Function

▨해밀턴 경로와 해밀턴 회로

오일러와 아이들은 택배 회사 정문에서 모였습니다. 회사 창고 앞에는 여러 명의 아저씨들이 모여 있고 택배 배달 차들이 나란히 줄지어 있습니다. 아저씨들 손에는 종이가 한 장씩 들려 있습니다.

오일러는 아이들에게 그래프가 그려진 종이를 나누어 주고 지난 시간에 학습한 내용을 이야기하면서 수업을 시작했습니다.

지난 시간에 배운 오일러 회로를 기억하고 있죠? 여러분에게 나누어준 그래프는 오일러 회로예요.

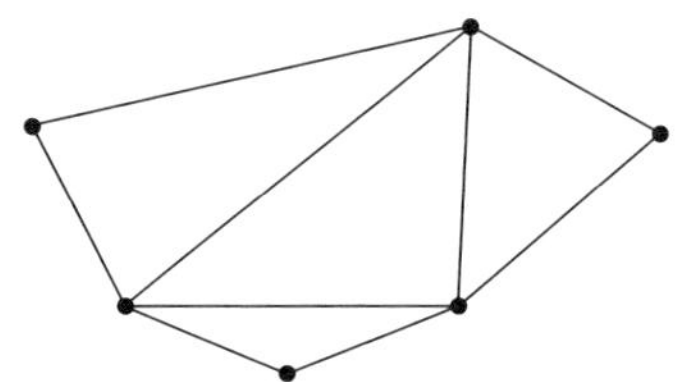

이 그래프가 오일러 회로라는 것을 어떻게 알 수 있을까요?

"도형의 모든 꼭짓점이 짝수점으로 되어 있으므로 홀수점이 없는 도형이에요. 따라서 도형의 모든 변을 한 번씩 지나 출발점으로 다시 돌아오는 한붓그리기가 가능한 오일러 회로입니다."

아주 잘 알고 있군요. 그렇다면 이 그래프에서 한붓그리기를 하면 모든 꼭짓점을 꼭 한 번씩만 지나갈까요?

"그렇지 않아요. 두 번 이상 지나가는 꼭짓점들도 있어요."

그래요. 그럼 오늘은 지난 시간에 배운 오일러 회로와 달리, 한 번 지나갔던 꼭짓점은 다시 지나가지 않는 경우에 대해 생각해 보기로 해요.

꼭짓점들을 딱 한 번씩만 지나고 선은 반드시 모두 지나지 않아도 되는 문제들에 대하여 알아보기로 하겠습니다.

이와 같은 상황은 아침 일찍 우유나 신문을 배달하는 경우나 택배 회사 직원이 물건을 배달하는 경우와 관련이 많습니다. 그래서 여러분들에게 택배 회사 앞으로 모이라고 했던 거예요.

오일러는 택배 회사 직원인 다날라 씨를 데리고 와서 아이들에게 소개하였습니다.

여러분! 이 분은 이 회사 직원인 다날라 씨예요. 나와 잘 아는 사이죠.

오늘 다날라 씨는 회사에서 출발하여 4곳에 물건을 배달하고 다시 회사로 돌아와야 한답니다.

다음 그림은 다날라 씨가 오늘 아침 회사에서 받은 것인데요, 물건을 배달할 장소와 배달할 때 지나가는 길이 그래프로 그려져 있어요.

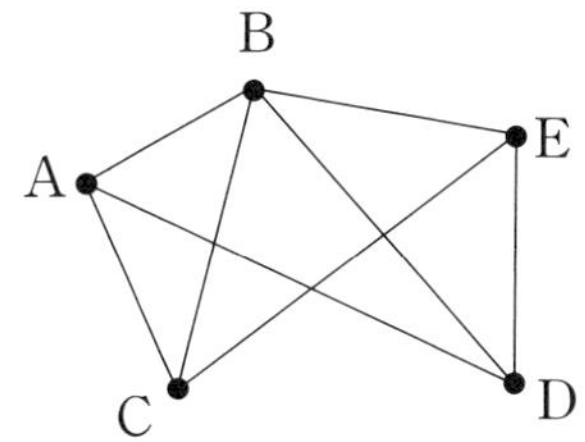

다날라 씨가 현재 고민하고 있는 것은 회사A에서 출발하여 각 장소에 물건을 배달하기 위해 어떤 길을 따라 이동할 것인가 하는 것이에요.

그동안 배운 그래프를 이용하여 우리가 다날라 씨를 도와주기로 할까요?

우선 직접 그려가며 찾아보기로 합시다.

오일러는 아이들이 연필로 지나가는 길을 그려가며 찾는 모습을 한참 동안 지켜보았습니다.

여러분이 그린 것을 모아 보니 다음과 같이 여러 가지 길이 있군요.

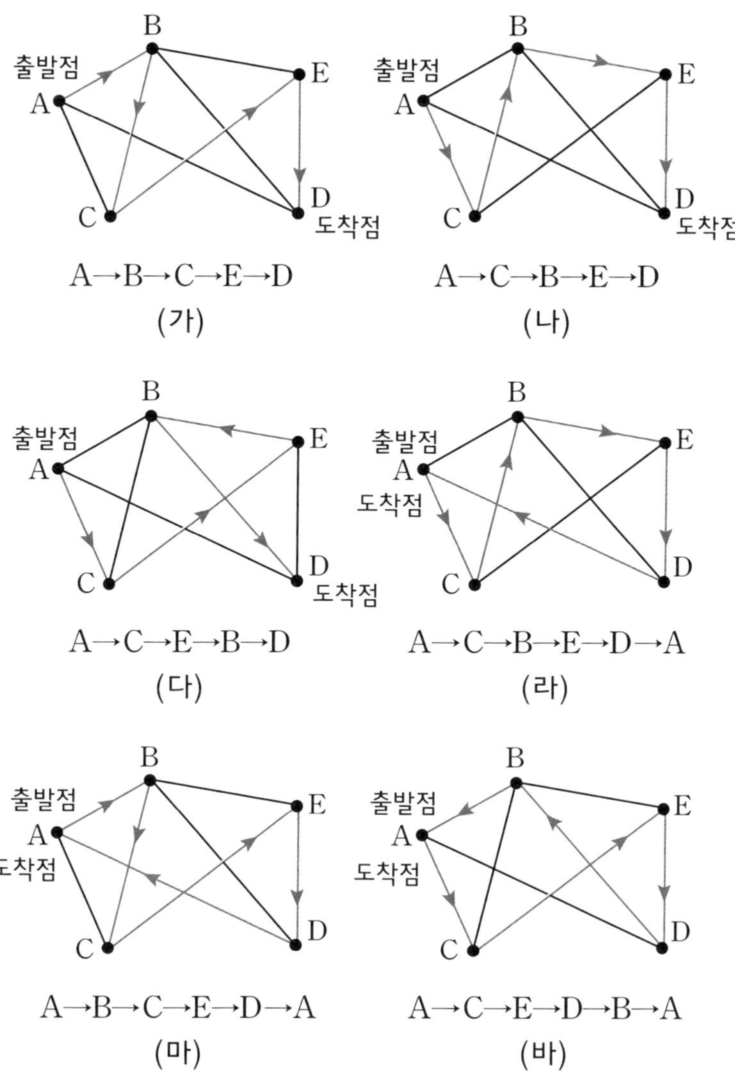

앞의 그래프를 구별해 보니 (가), (나), (다)는 꼭짓점 A에서 출발하여 모든 꼭짓점을 단 한 번씩만 지나 꼭짓점 D에 이르는 경로를 나타낸 것인 반면, (라), (마), (바)는 꼭짓점 A에서 시작하여 모든 꼭짓점을 단 한 번씩만 지나 다시 꼭짓점 A로 돌아오는 회로를 그린 것이군요.

이때 그래프의 모든 변을 한 번씩 지나는 오일러 경로와 오일러 회로와는 달리, 그래프 (가), (나), (다)에서처럼 모든 꼭짓점을 오직 한 번씩만 지나지만 출발점으로는 돌아오지 않는 경로를 **해밀턴 경로**라고 부릅니다. 또 (라), (마), (바)와 같이 모든 꼭짓점을 오직 한 번씩만 지나며 출발점으로 돌아오는 회로가 있을 때 이것을 **해밀턴 회로**라고 합니다.

여러분이 직접 그려 보았듯이 한 그래프에서 해밀턴 회로는 여러 개가 있을 수 있습니다.

그렇다면 모든 꼭짓점을 단 한 번씩만 지나는 여러 개의 회로와 경로 중, 배달하는 사람의 입장에서는 어떤 요소를 더 중요하게 생각해야 할까요?

그것은 바로 각 변에 대하여 양 끝점 사이 거리들의 합이 최소가 되는 회로 또는 경로일 것입니다.

오일러 경로 및 오일러 회로를 찾는 방법처럼 해밀턴 경로 및 해밀턴 회로를 쉽게 찾을 수 있는 방법도 있을까요?

대답은 '아니오' 입니다. 아직까지 일반적인 방법은 알려지지 않고 있어요. 때문에 해밀턴 회로를 갖는 그래프의 조건을 분석하고 해밀턴 회로를 찾는 좋은 방법을 구하기 위한 연구가 계속 진행되고 있답니다.

그 과정에서 몇 가지 성질이 알려지게 되었어요. 그중에 한 가지는 다음과 같아요.

> 꼭짓점의 개수가 n개이고 각 꼭짓점의 차수가 $\frac{n}{2}$ 이상인 연결된 그래프는 해밀턴 회로를 갖는다.

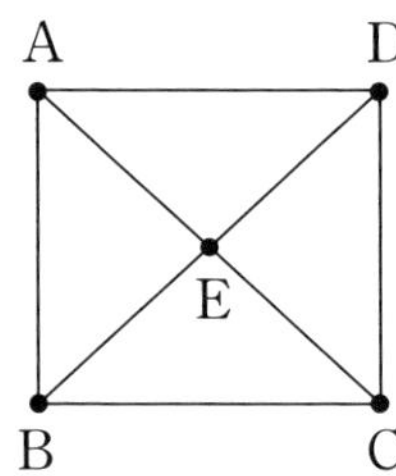

예를 들어, 왼쪽 그래프에서 5개의 꼭짓점의 차수는 각각 3, 3, 3, 3, 4로 모두 $\frac{5}{2}$ 이상이에요.

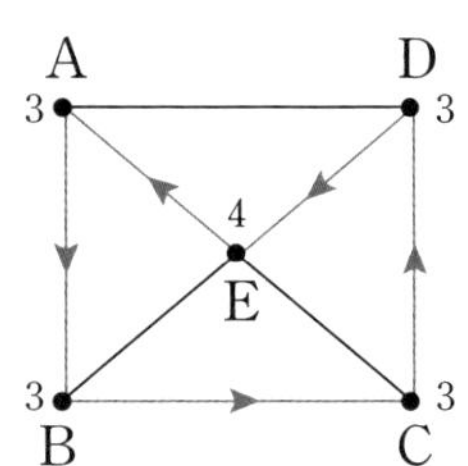

따라서 오른쪽 그림과 같이 A→B→C→D→E→A와 같은 해밀턴 회로가 존재합니다.

그러나 이 정리의 역은 반드시 성립하지 않아요.

다음 그래프를 살펴보면 해밀턴 회로가 존재한다는 것은 쉽게 확인할 수 있어요.

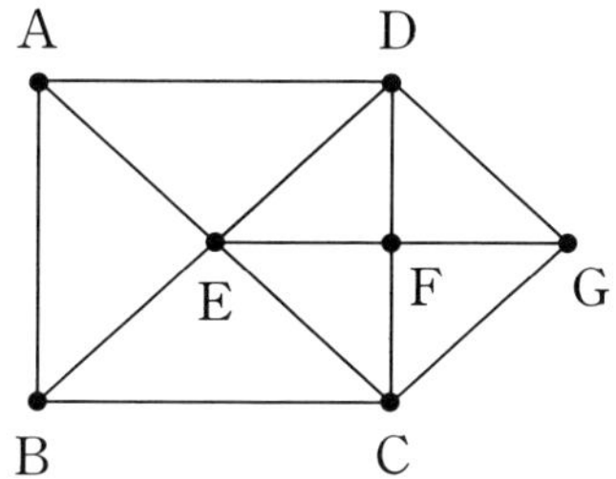

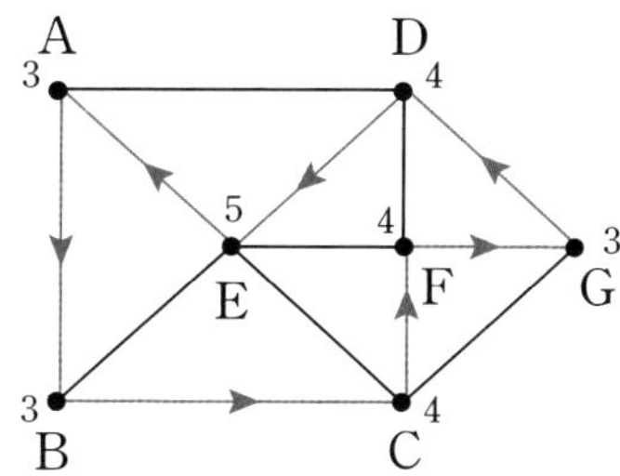

하지만 7개의 꼭짓점의 차수는 각각 3, 3, 4, 4, 5, 4, 3로 차수가 $\frac{7}{2}=3.5$보다 작은 꼭짓점이 존재해요.

▨완전그래프에서의 해밀턴 회로

또 다음과 같은 성질도 알게 되었습니다.

> 꼭짓점의 개수가 n인 완전그래프인 해밀턴 회로의 개수는 다음과 같다.
>
> $$(n-1)\times(n-2)\times\cdots\times4\times3\times2\times1$$

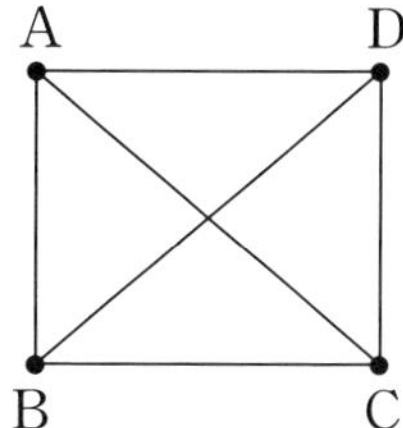

왼쪽의 완전그래프를 활용하여 이 성질을 알아보기로 합시다.

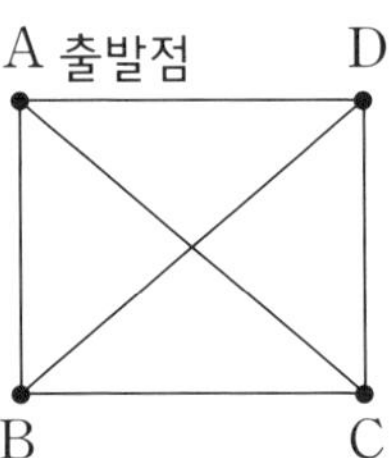

해밀턴 회로를 찾기 위해 꼭짓점 A에서 출발한다고 할 때, 꼭짓점 A에서 갈 수 있는 꼭짓점은 B, C, D의 3개입니다.

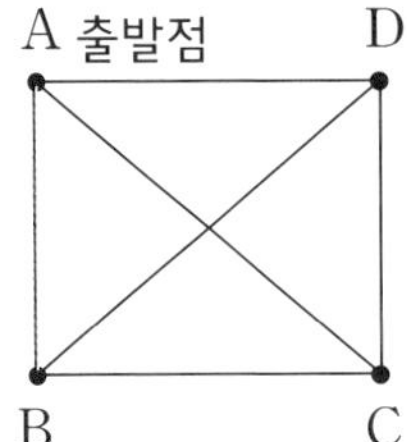

꼭짓점 A에서 꼭짓점 B를 선택하여 이동했다고 할 때, 그 다음으로 꼭짓점 B에서 갈 수 있는 꼭짓점은 C, D의 2개입니다.

이제 꼭짓점 B에서 꼭짓점 D를 선택하여 이동했다고 할 때, 다시 꼭짓점 D에서 갈 수 있는 꼭짓점은 이제 C 1개뿐입니다.

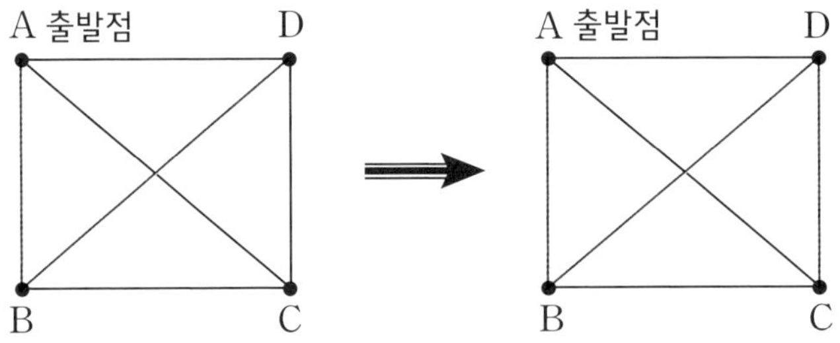

해밀턴 회로를 완성하려면 네 번째 꼭짓점 C에서 첫 번째 꼭짓점 A로 돌아와야 합니다.

따라서 꼭짓점의 개수가 4개인 완전그래프에서 해밀턴 회로의 개수는 다음과 같음을 알 수 있습니다.

$$3 \times 2 \times 1 = 6$$

▨ 수학자, 해밀턴

다은이가 느닷없이 질문을 했습니다.

"오일러 회로에서 오일러는 수학자의 이름이었는데, 해밀턴 회로, 해밀턴 경로에서의 해밀턴도 수학자 이름인가요?"

아차차차! 그래요. 해밀턴을 소개하는 것을 깜박했군요.

맞아요, 해밀턴 역시 수학자랍니다. 해밀턴은 1805년 아일랜드의 더블린이라는 도시에서 태어났어요. 불행하게도 어려서 고아가 되어 삼촌이 해밀턴을 맡아 기르게 되었어요. 언어에 관심이 많았던 삼촌은 해밀턴에게 언어 교육을 집중적으로 시켰습니다. 그래서 13살이 되었을 때는 여러 개의 외국어를 유창하게 구사할 수 있었다고 해요. 이런 사실로 보아 해밀턴 역시 천재였음에 틀림없어요. 해밀턴은 위대한 시인인 워즈워스William Wordsworth와 절친한 사이였다고도 해요.

해밀턴이 수학에 열중하게 된 것은 15세가 되어서예요. 더블린의 박람회에서 어리지만 자신의 능력을 과감히 펼친 미국의 암산 학자 콜번Zerah Colburn을 보고 자극을 받았기 때문이랍니다. 이후 우연히 뉴턴의 《보편산수Arithmetica universalis》라는 책을 얻은 해밀턴은 매우 열심히 읽어 해석기하학과 미적분학을 공부할 수 있었어요. 그다음에는 4권으로 된 《프린키피아Principa》를 읽으며 수학에 더 깊이 빠져들었어요. 수학 공부에 열중하면서 해밀턴은 수학자인 라플라스의 《천체 역학Mecanique celeste》을 읽으며 수학적인 오류를 지적하기도 했답니다.

그 후 해밀턴은 해밀턴 함수와 해밀턴-야코비 미분방정식, 해밀턴-캐일리 정리 등 많은 수학적 업적을 남겼습니다. 해밀턴은 병과 가정불화로 말년을 힘들게 보냈지만, 그의 수학적 업적을 인정하여 미국 국립 과학원에서는 그를 최초의 외국인 준회원으로 선출하기도 했어요. 또 1845년 케임브리지에서 개최한 제2회 영국 학회에 참석했을 때는 뉴턴이 《프린키피아》를 저술했다고 전해지는 트리니티 칼리지의 신성한 방에서 일주일 동안 지낼 수 있는 영광을 얻기도 했답니다. 얼마나 자랑스러웠겠어요.

해밀턴은 같은 크기의 정오각형 12개로 이루어진 정십이면체로 '세계일주' 라는 퍼즐을 만들기도 했어요. 각 꼭짓점에 런던, 파리, 뉴욕 등 12개의 도시 이름을 붙인 다음, 모서리를 따라 각 꼭짓점에 있는 이 도시들을 모두 한 번씩 지나 출발점으로 다시 돌아오려면 어떤 길을 선택해야 하는지와 관련된 것이었어요.

이후 도시들을 모두 한 번씩 지나 출발점으로 다시 돌아오는 이 방법을 해밀턴의 이름을 따서 '해밀턴 회로' 라고 불렀어요. '일반적인 그래프에서 해밀턴 회로가 있는지를 발견하는 쉬운

방법이 있는가?' 의 문제는 현재 100만 불의 상금이 붙어 있기도 합니다.

해밀턴에 대한 이야기를 듣고 있던 호기심쟁이 창우가 고개를 갸우뚱거리며 질문을 했습니다.

"선생님! 해밀턴 회로는 평면상의 도형에서 모든 꼭짓점을 오직 한 번씩만 지나며 출발점으로 돌아오는 회로를 말하는 거잖아요. 하지만 정십이면체는 입체도형인데, 어떻게 해밀턴 회로라는 이름을 붙이게 되었을까요?"

▨입체도형에도 해밀턴 회로가?

오일러는 미리 준비해 온 여러 개의 정사면체와 정육면체의 입체도형을 아이들에게 나누어 주었습니다.

먼저 정십이면체를 정사면체와 정육면체로 바꾸어 '세계일주' 퍼즐을 풀어 보기로 해요.

각 꼭짓점에 여러분이 가고 싶은 도시 이름을 붙이고, 모서리를 따라 각 꼭짓점에 있는 이 도시들을 모두 한 번씩 지나 출발점으로 다시 돌아올 수 있는 방법이 있는지를 알아보세요.

아이들은 각각 자신들이 가고 싶은 도시 이름을 정하고 각 꼭짓점 부근에 도시 이름을 써넣었습니다. 그런 다음 각자 꼭짓점에 있는 도시들을 모두 한 번씩 지나 출발점으로 다시 돌아올 수 있는 방법을 찾기 시작했습니다.

자~, 어떤 방법들이 있는지 알아볼까요?

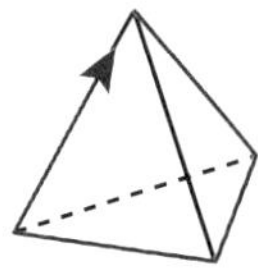

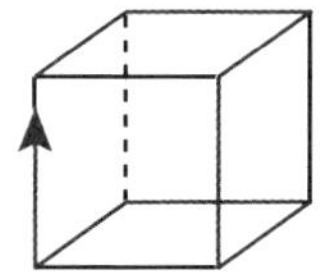
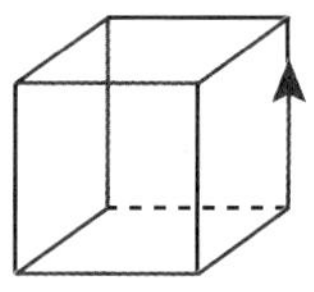

위의 방법 외에도 다양하게 지나가는 길을 그릴 수 있어요.

창우가 갑자기 손을 들고 자신은 다른 방법으로 구했다며 이야기하기 시작했습니다.

"길을 찾다가 우연히 발견한 건데요. 정사면체를 위에서 내려다보니, 다음과 같이 평면 위의 삼각형처럼 보였어요.

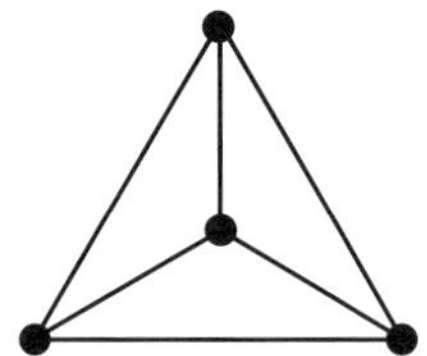

그래서 평면 위에 이 그래프를 그린 다음, 꼭짓점에 있는 도시들을 모두 한 번씩 지나 출발점으로 다시 돌아올 수 있는 방법을 찾아보니 아주 쉬웠어요. 정육면체에서도 마찬가지의 방법으로 구했더니 아주 편리하게 구할 수 있었어요."

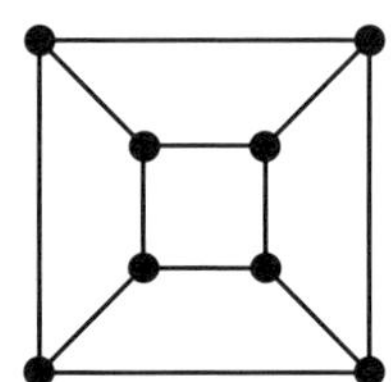

와~, 창우는 상상력이 매우 풍부하군요. 입체도형을 평면 위의 그래프로 간단히 변환시켜 나타내다니 놀랍네요.

그럼 창우의 방법에 대해 더 자세히 알아보기로 할게요.

두 입체도형의 각 도시들을 모두 한 번씩 지나가는 길에서 필요한 것은 바로 꼭짓점의 위치와 모서리뿐이에요. 길이나 그 모양이 필요한 것은 아니잖아요. 따라서 입체도형의 꼭짓점과 모서리들을 모두 평면 위에 나타낼 수만 있다면 굳이 입체도형에서 지나가는 길을 찾는 것보다는 평면 위에 나타낸 그래프에서 찾는 것이 훨씬 편리합니다. 그래서 꼭짓점과 모서리의 개수가 많은 입체도형일수록 이 방법이 매우 편리합니다.

이와 같은 방법으로 생각하면 정팔면체, 정십이면체, 정이십면체 등의 입체도형들도 평면 위의 그래프로 나타낼 수 있어요. 모서리는 조금씩 늘이거나 줄이고, 꼭짓점의 위치를 바꾸면 그릴 수 있습니다.

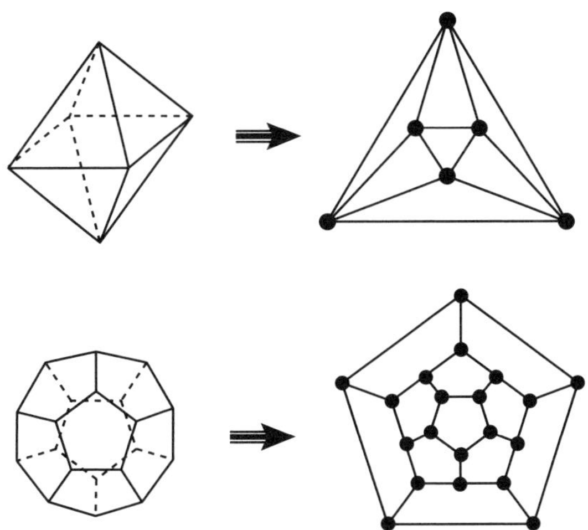

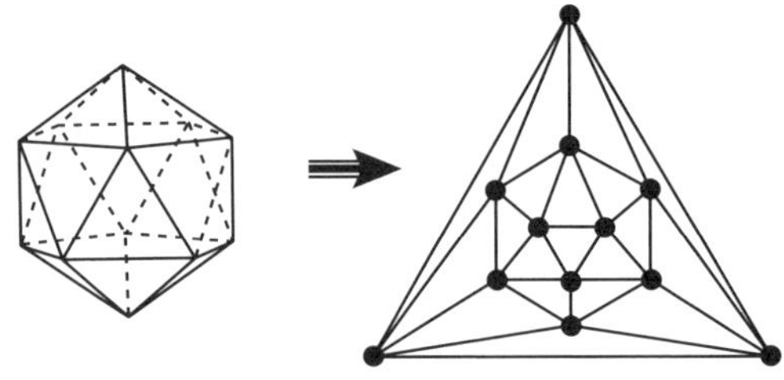

앞의 그래프에서 정사면체와 정육면체의 경우 해밀턴 회로는 다음과 같이 한 가지뿐입니다

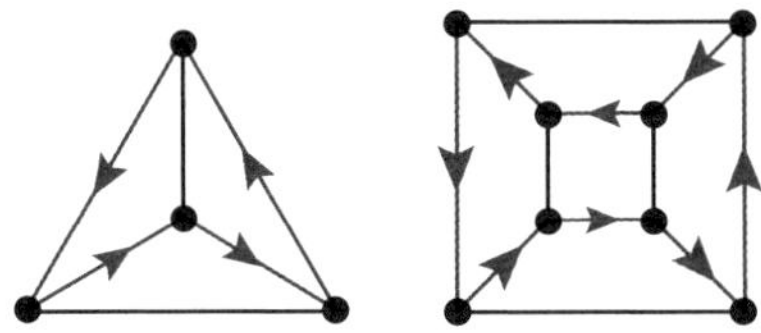

하지만 정팔면체와 정십이면체의 경우는 두 가지가 있어요.

정이십면체는 모서리의 개수가 많기 때문에 여러 가지가 있지만 이것들도 쉽게 생각해 낼 수 있어요. 다음은 그중 두 가지 예입니다.

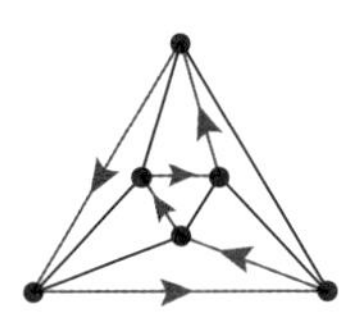
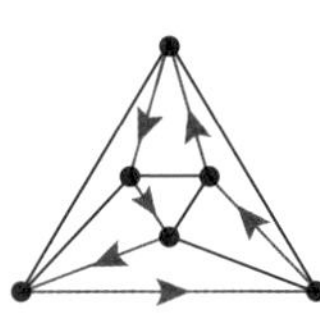
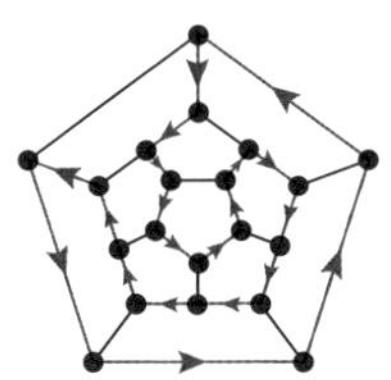
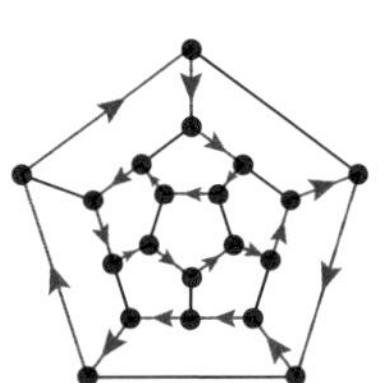

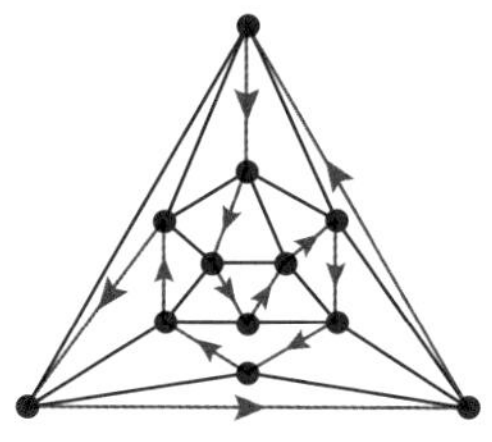

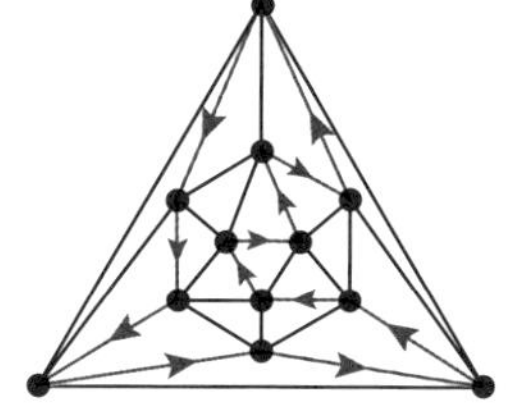

그렇다면 축구공에서도 모서리를 따라 꼭짓점을 오직 한 번씩 지나 다시 처음 위치로 되돌아오는 것이 가능할까요? 처음 위치로 되돌아오지는 않더라도 모서리를 따라 모든 꼭짓점을 오직 한 번씩 지나는 경로를 발견하는 것은 어렵지 않습니다.

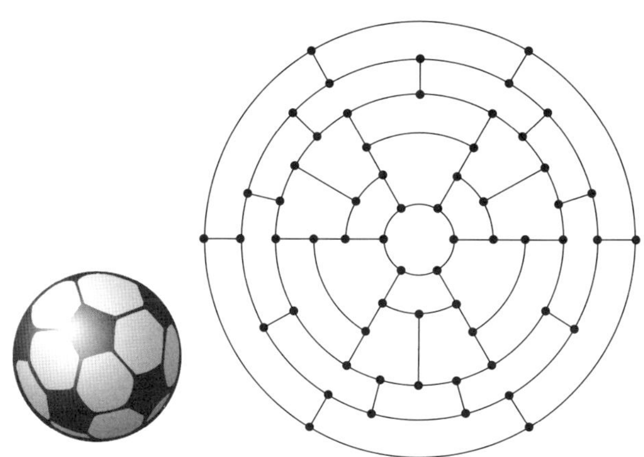

▨순회 판매원 문제

이제 해밀턴 회로를 어디에 적용할 수 있는지 알아보기로 해요.

예 1

택배 회사 직원인 다날라 씨는 회사A에서 출발하여 B, C, D, E에 택배를 배달하고 다시 회사로 돌아와야 합니다. 회사 A 및 B, C, D, E의 위치와 각 지점 사이의 이동 시간은 다음 그림과 같습니다. 다날라 씨는 가능한 빠른 시간 안에 택배 배달을 마치려고 합니다. 배달 순서를 어떻게 정해야 할까요?

단, 단위는 분

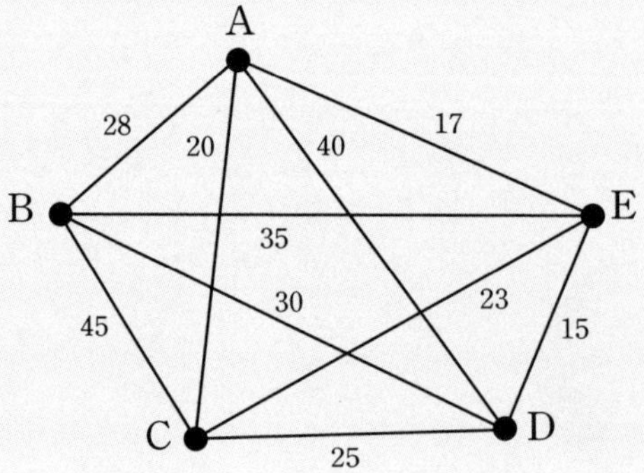

A
28
20
40
17
B
E
35
30
23
45
15
C
D
25

창우가 앞에서 배웠던 거라며 아는 척을 하였습니다.

"이 문제, 순회 판매원 문제 아닌가요?"

맞아요. 여러 도시를 도는 여행 계획을 세울 때, 한 도시를 출발하여 모든 도시를 한 번씩 방문한 다음 다시 출발했던 도시로 돌아오는 거리가 가장 짧은 여행 경로를 찾거나 비용이 가장 적게 드는 여행 경로 등을 찾는 이와 같은 문제를 순회 판매원 문제라 했어요.

여기에서는 다날라 씨의 고민을 해결하기 위해 해밀턴 회로를 이용하기로 해요. 해밀턴 회로가 주어진 그래프에서 모든 꼭짓점을 오직 한 번씩만 지나며 출발점으로 돌아오는 회로이기 때문이에요.

이 경우에 모든 방문 순서를 고려하여 가장 짧은 이동 시간을 구하려면 $(4\times3\times2\times1\times1)\div2=12$가지의 경우를 살펴봐야 해요.

"그런데 선생님! 배달 장소가 4곳이라서 12가지이지만 만약 배달 장소가 10곳, 20곳, …으로 많아지면 조사해야 하는 이동 경로가 굉장히 많아지잖아요. 그럴 경우 다 조사한다는 것은 힘들 것 같은데 보다 빨리 구할 수 있는 다른 방법이 없을까요?"

그래요. 배달 장소가 10곳만 돼도 조사해야 하는 이동 경로가 $(10\times9\times8\times7\times6\times5\times4\times3\times2\times1\times1)\div2=1814400$가지나 돼요.

그래서 다음의 방법으로 해밀턴 회로를 찾아 총 이동 시간을 구해 보도록 하죠.

일단 A에서 출발합니다. 전체 이동 시간이 짧아야 하니까 A에서 이동 시간이 가장 짧은 변을 따라 이동하기로 해요.

방법 1

① A에서 이동 시간이 가장 짧은 E로 이동한다.

② 한 장소에 이르면 그 장소에서 지나온 장소를 제외하고 이동 시간이 가장 짧은 다음 장소로 이동한다.

③ ②와 같은 방법으로 A를 제외한 모든 장소를 방문한 다음 다시 A로 이동한다.

위의 방법에 의해 변을 따라 이동하면 다음의 회로가 만들어집니다.

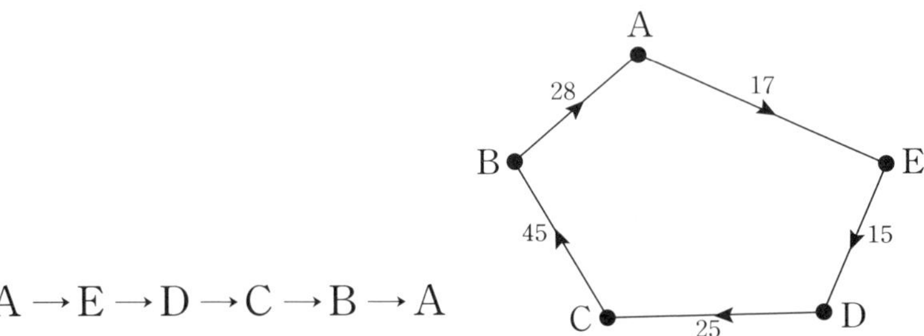

이때 이동 시간을 모두 합하면 총 이동 시간은 다음과 같습니다.

17+15+25+45+28=130분

"그럼 이 방법으로 계산한 총 이동 시간이 가장 짧다고 할 수 있을까요?"

그렇지 않아요. 모든 방문 순서를 고려하지 않았기 때문에 앞에서 구한 총 이동 시간이 가장 짧다고 말할 수 없어요. 예를 들어, 다음 두 해밀턴 회로의 총 이동 시간을 알아봅시다.

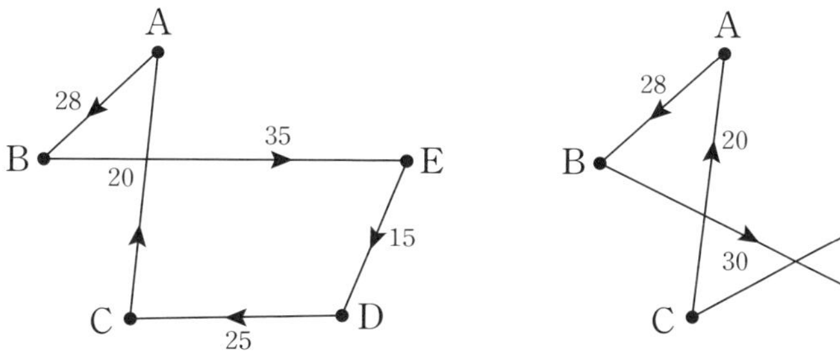

28+35+15+25+20=123분 28+30+15+23+20=116분

그렇다면 위의 방법과 다르게 총 이동 시간을 가능한 한 가장 짧게 하며 각 지역을 방문할 수 있는 방법은 없을까요?

앞의 방법에서는 출발 장소를 고정시킨 채 이동 시간이 가장 짧은 경우에 대해 알아보았잖아요. 이번에는 출발 장소를 다르게 하여 총 이동 시간이 가장 짧은 해밀턴 회로를 찾아보기로 해요.

출발 장소를 어디로 정하는 것이 좋을까요?

이동 시간이 짧은 변을 먼저 선택해야 하므로 이동 시간이 가장 짧은 변의 한 꼭짓점을 출발 장소로 정하면 좋겠죠? 자~ 그럼, 다음의 방법으로 총 이동 시간을 구해 봅시다.

방법 2

① 그래프에서 가장 짧은 시간의 변을 선택한다.

② 남은 변 중에서 가장 짧은 시간의 변을 선택한다. 같은 시간인 경우는 임의로 선택한다. 단, 다음과 같은 변은 제외한다.

- 이미 선택된 변과 이어져 회로를 이루게 하는 변.
- 이미 선택된 변과 함께 꼭짓점의 차수가 3이 되게 하는 변.

회로를 이루게 하는 변　꼭짓점의 차수가 3이 되게 하는 변

③ 모든 꼭짓점이 이어질 때까지 ②의 과정을 반복한 후에 한 변을 첨가하여 해밀턴 회로를 만든다.

위의 규칙에 따라 해밀턴 회로를 만들어 보기로 해요.

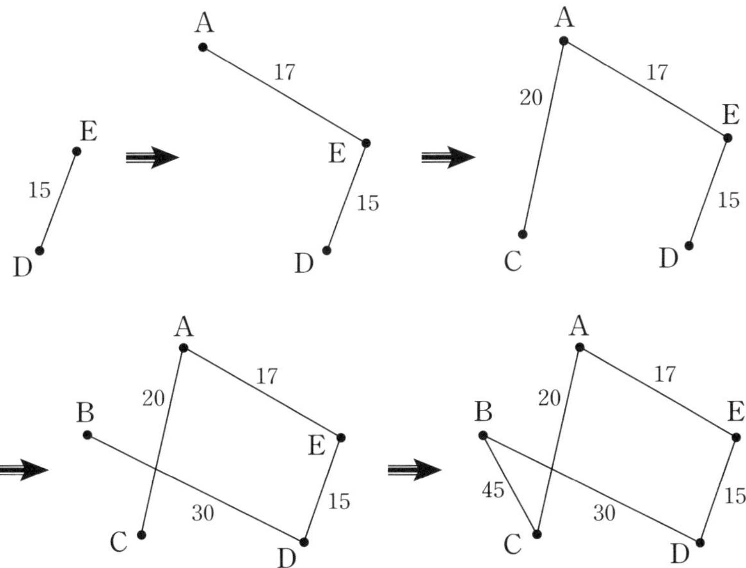

이렇게 만들어진 해밀턴 회로의 변의 이동 시간을 모두 합하면 총 이동 시간을 구할 수 있어요.

$$15+17+20+30+45=127\text{분}$$

따라서 [방법 1]보다는 [방법 2]로 구한 해밀턴 회로에서 변의 이동 시간의 합이 더 짧음을 알 수 있습니다.

그러나 위의 그래프 역시 이동 시간이 가장 짧은 경우는 아닙니다.

해밀턴 회로가 적절하게 활용되는 예를 더 들어 보겠습니다.

예 2

한 학교에서 올해 수학여행 장소로 다음과 같이 5곳의 여행지를 정하였습니다. 학생들은 5곳의 여행지를 모두 한 번씩 들러 여행을 하고 다시 학교로 돌아와야 합니다. 각 여행지를 어떤 순서로 방문할 것인지는 학생들이 정하기로 하였습니다. 학생들은 통행료가 가장 적게 드는 경로를 찾으려고 합니다. 길 위에 적힌 수가 그 길을 지날 때 지불하는 통행료라고 할 때, 통행료가 가장 적게 드는 경로를 찾아보세요. 단, 단위는 천 원

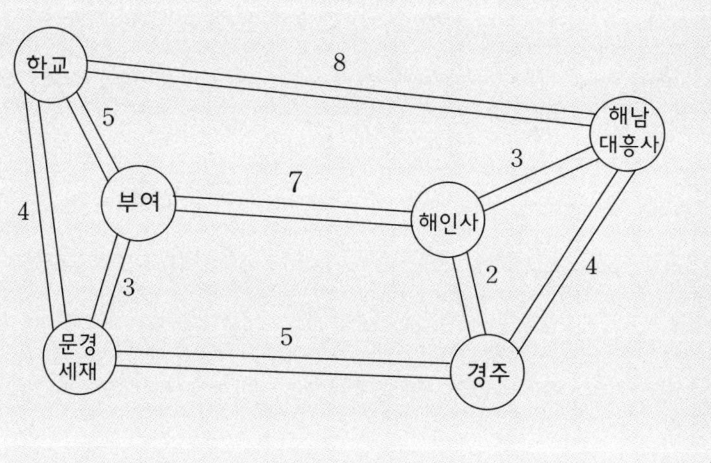

먼저 각 여행지를 꼭짓점으로 하고, 각 여행지 사이의 길을 변으로 하는 그래프를 나타내면 다음과 같습니다.

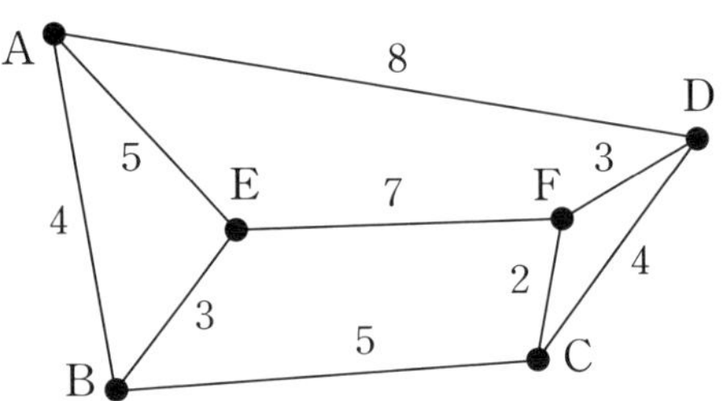

이제 가능한 해밀턴 회로를 모두 찾아 각 경우의 비용을 계산하여 돈이 가장 적게 드는 경로는 찾아보기로 해요.

① A→B→E→F→C→D→A : 4+3+7+2+4+8=28천 원

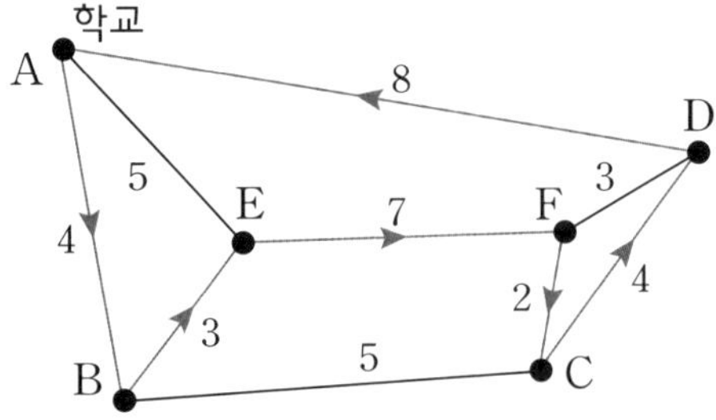

② A→B→C→D→F→E→A : 4+5+4+3+7+5=28천 원

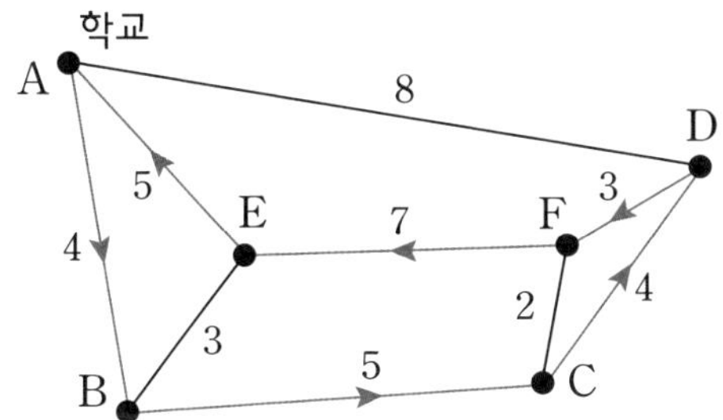

③ A→E→B→C→F→D→A : 5+3+5+2+3+8=26천 원

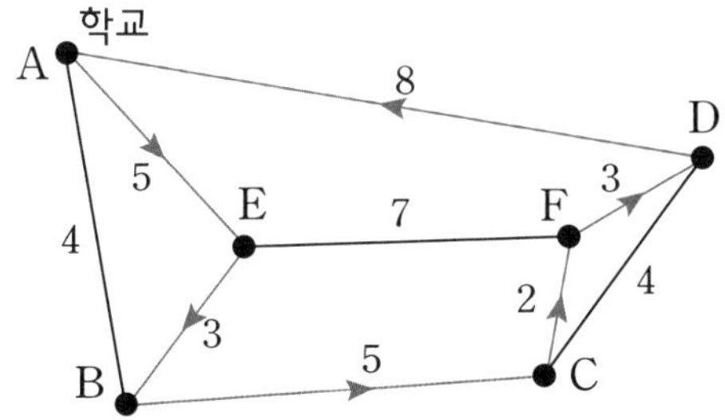

따라서 ③ A→E→B→C→F→D→A가 26000원으로 통행료가 가장 적게 드는 경로입니다.

이렇게 최소 비용이 드는 최적의 경로를 찾기 위해서는 가능한 모든 경로를 찾아 그 값들을 비교해야 합니다.

이 외에도 전선을 배선할 때 최단 경로를 따르면 전력소모를 줄일 수 있고, 광케이블 공사를 할 때에도 많은 경비를 줄일 수 있을 뿐만 아니라 공사 기간도 단축할 수 있습니다.

그리고 각 지방에 대리점을 두고 있는 회사에서 생산한 상품을 모든 대리점에 공급할 때 한 대리점도 빼지 않고 모두 거쳐서 본사로 돌아오는 코스 및 일정을 세우는 데 긴요하게 이용됩니다.

이러한 예 외에도 여러 분야에 이용되고 있어서 연구의 필요성이 매우 높습니다.

일반적으로 주어진 그래프에서 각 변의 값의 합이 최소 또는 최대가 되는 경로를 최적의 경로라고 합니다. 하지만 최적의 경로를 결정하는 효과적인 알고리즘은 알려져 있지 않습니다.

컴퓨터를 이용하여 여러 가지의 해밀턴 경로를 계산하여 비교하는데 점들의 개수가 적을 때에는 쉽게 경제적인 해밀턴 경로를 구할 수가 있으나 1초당 100만 가지의 경로를 조사할 수 있는 컴퓨터를 사용하더라도 25개의 점을 잇는 해밀턴 경로를 모두 계산하는 데에는 수십억 년이 걸립니다.

네 번째 수업 정리

1 **해밀턴 경로** 연결된 그래프에서 모든 꼭짓점을 오직 한 번씩만 지나지만 출발점으로 돌아오지 않는 경로를 말합니다.

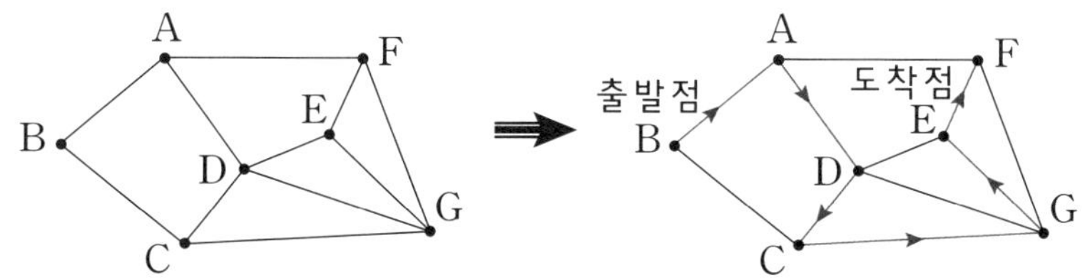

2 **해밀턴 회로** 연결된 그래프에서 모든 꼭짓점을 오직 한 번씩만 지나며 출발점으로 돌아오는 회로를 해밀턴 회로라고 부릅니다. 예를 들어, 다음 그래프에는 해밀턴 회로B→A→F→G→E→D→C→B가 존재합니다.

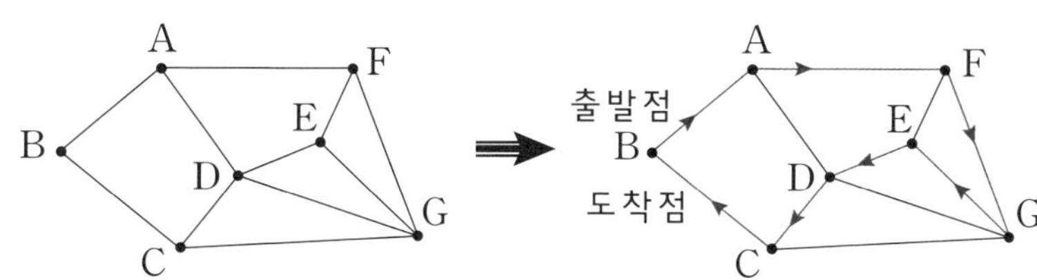

❸ **해밀턴 회로의 성질** 꼭짓점의 개수가 n개이고 각 꼭짓점의 차수가 $\frac{n}{2}$ 이상인 연결된 그래프는 해밀턴 회로를 갖습니다.

회로를 거부하는 그래프, 수형도

회로를 갖지 않으면서 연결된 그래프인
수형도의 성질과 그 활용에 대해 공부합니다.

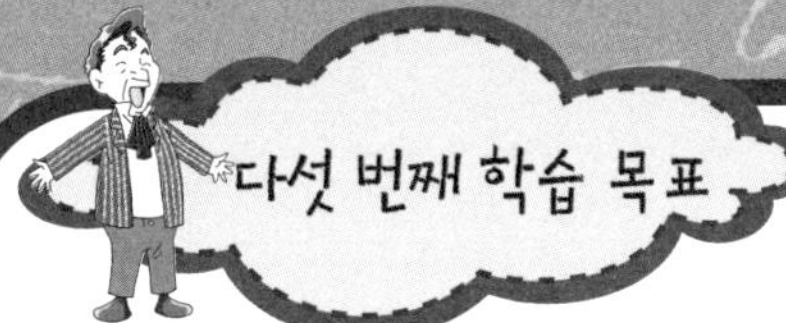

1. 수형도의 뜻에 대해 알아봅니다.
2. 수형도의 성질에 대해 알아봅니다.
3. 실생활에서의 수형도의 활용에 대해 알아봅니다.

미리 알면 좋아요

1. **가계도** 가족 간의 관계를 빠르게 알아보고 필요한 정보를 손쉽게 얻기 위해 제작하는 그림.

가계도는 가족 관계를 설명하기 위해 선으로 연결된 여러 기호를 사용합니다. 선이 수평으로 이어져 있는 관계는 결혼을 가리키며, 수직으로 이어진 관계는 부모자식 관계를 가리킵니다.

2. **케일리**Arthur Cayley, 1821~1895 대수학 분야에서 두각을 나타냈던 영국 수학자.

어려서부터 뛰어난 수학적 능력을 가지고 있었으나 대학을 졸업하고 14년간 법률가로 일을 하였습니다. 그는 변호사 일을 단순히 수학 공부를 위한 돈벌이라고만 생각할 정도로 수학 공부를 즐겨하였습니다. 그는 주로 수학, 이론역학, 수리천문학에 관심을 두고 연구를 했습니다. 당시에는 2차 이하의 평면기하가 주된 논의 대상이었는데 케일리가 3차원 이상 고차원의 기하학을 연구의 대상으로 끌어내었습니다. 그의 가장 중요한 업적은 n차원 기하학이나 비유클리드 기하학, 행렬대수 등을 개발한 것입니다. 케일리는 행렬을 연구한 첫 수학자입니다. 1845년 출판된 그의 책 《선형변환에 관한 이론On the Theory of Linear Transformations》에서 처음으로 행렬을 언급했습니다. 이 행렬의 개념은 양자역학에서 없어서는 안 될 중요한 개념으로 물리학자 하이젠베르크가 전개한 양자역학의 기초가 됐다고 합니다. 케일리는 대수분야에서 기초적이고 중요한 군이론을 출발시킨 사람이기도 합니다. 이런 이유로 그는 19세기 순수수학을 이끌었다는 평가를 받고 있습니다.

▨ 수형도란

오일러와 아이들이 컴퓨터실에 모여 있습니다. 오일러는 컴퓨터를 이용하여 아이들 각자에게 집안의 가계도를 그려 보도록 하였습니다. 한참 후 오일러는 다은이가 예쁘게 그린 가계도에 대해 설명해 보도록 하였습니다.

"저는 캐릭터를 이용하여 나뭇가지가 뻗어나가는 모양으로 가계도를 만들어 보았습니다. 맨 위의 할머니와 할아버지부터 아래로 아버지와 큰아버지, 아직 결혼을 하지 않은 막내 삼촌이 있고, 아버지 밑으로는 제 동생과 제가, 큰아버지 밑으로는 사촌이 있습니다."

창우가 손을 들더니 자신이 만든 가계도에 대해서도 설명하고 싶다고 했습니다.

"저희 집안의 가계도 역시 다은이네와 비슷하긴 하지만 저희 집은 4대가 살고 있어요. 힘든 점도 있지만 어른들에게 많은 것을 배울 수 있고 귀여움도 받을 수 있어서 얼마나 좋은지 모릅니다.

그래서 가장 먼저 증조할아버지와 증조할머니에서 출발하여 가계도를 그렸는데, 4대가 살다보니 가족들이 많아 다은이네 가계도보다는 조금 복잡하게 그려졌어요."

여러분이 만든 가계도를 보니 특이하게도 대부분이 나뭇가지가 뻗어나가는 모양으로 그렸군요. 특별한 이유가 있나요?

"가장 간단하면서도 빠짐없이 가족들을 다 넣어서 나타낼 수 있어요. 그리고 아버지께서 보여주신 집안 족보에도 이런 모양의 가계도가 있었어요. 제가 그린 것보다 훨씬 복잡했지만요."

"가족들은 한 핏줄로 얽혀 있잖아요. 그래서 가계도를 이와 같이 그리면 가족 중 누구라도 선으로 연결시킬 수 있어요."

맞아요. 정확하게 알고 있군요.

여러분이 그린 나뭇가지 모양의 가계도가 그래프라는 것은 이미 눈치 채고 있죠? 가족 구성원을 꼭짓점으로 하고 구성원 사이의 직계 관계를 선으로 연결하여 나타내고 있잖아요. 이와 같이 나뭇가지가 뻗어나가는 모양으로 그려지는 그래프를 수형도라고 합니다.

수형도는 가계도뿐만 아니라 컴퓨터에서 파일의 기억장치인 디렉토리에서도 활용되고 있어요.

오일러는 자신의 컴퓨터에 있는 디렉토리를 프로젝터를 통해 칠판에 비추어 학생들이 볼 수 있도록 한 다음, 이 디렉토리를 다시 그래프 모양으로 바꾸어 그렸습니다.

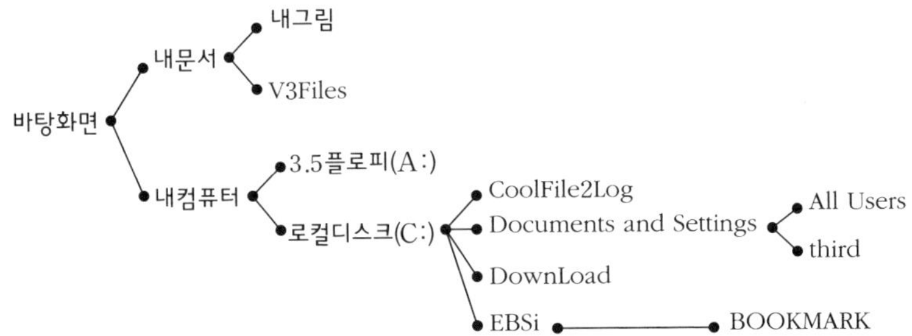

이 수형도는 정말 쓸모가 많은가 봐요. 정보통신부에서도 이 수형도를 이용하고 있거든요.

정보통신부는 신속한 우편배달을 위하여 우편물에 우편번호를 반드시 기재하도록 하고 있습니다.

우편물은 첫째 자릿수에 따라 다음과 같이 분류됩니다.

번호	1	2	3	4	5	6	7
지역	서울	강원	충청	경기	전라	경남, 제주	경북

이렇게 나누어진 우편물은 그 다음 자릿수에 따라 10개의 소지역으로 다시 세분됩니다. 분류 과정의 일부를 그래프로 나타내면 다음과 같습니다.

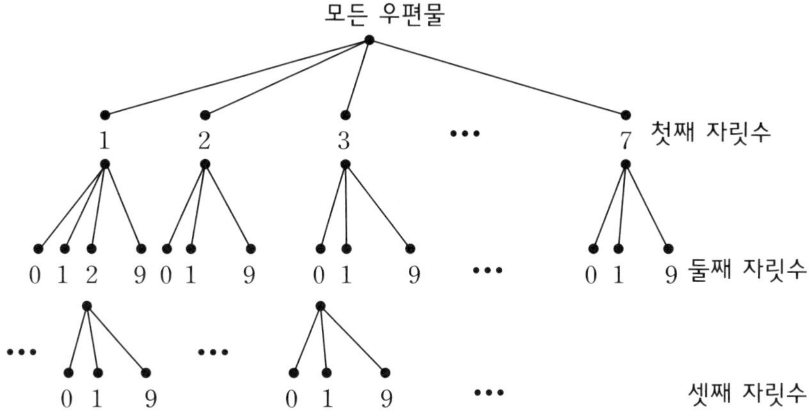

그럼 이 수형도는 어떤 특성을 가지고 있을까요? 위에서 살펴보았던 수형도를 보면서 공통점을 찾아보세요.

"회로가 없어요."

"어떤 꼭짓점이든지 2개를 선택하면 반드시 그 중간이 선으로 연결되어 있어요."

그렇습니다. 앞의 가계도나 컴퓨터 디렉토리, 우편번호의 그래프는 어느 두 꼭짓점을 뽑더라도 그 사이를 연결시켜 주는 경로가 존재하여 연결되어 있습니다. 반면 모든 꼭짓점이 연결되어 있으면서도 한 꼭짓점에서 출발하여 이 꼭짓점으로 되돌아오는 회로는 존재하지 않아요.

따라서 수형도는 회로를 갖지 않으면서 연결된 그래프라고 다시 정의할 수 있습니다.

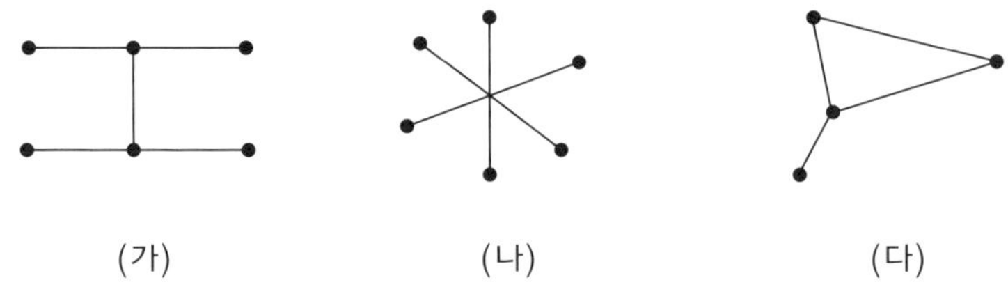

위의 그림에서 그래프 (나)는 연결된 그래프가 아니므로 수형도가 아니고, (다)는 회로를 가지므로 수형도가 아닙니다. 반면 (가)는 연결된 그래프이면서 회로가 없으므로 수형도입니다.

수형도의 여러 가지 성질

수형도는 위의 기본 특성 외에 또 다른 성질도 가지고 있습니다. 다음 수형도를 살펴보기로 해요.

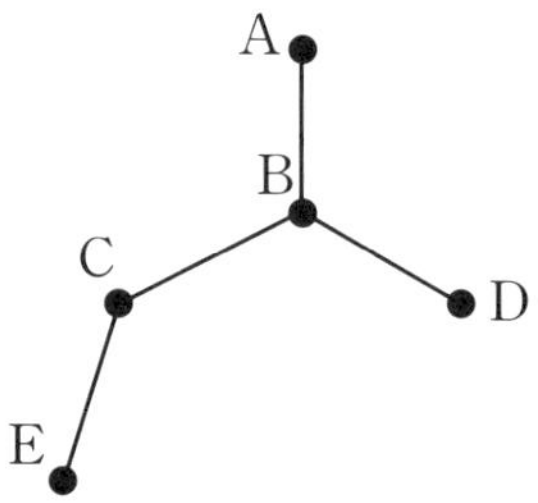

① 그래프의 꼭짓점 A에서 B, C, D, E에 이르는 경로는 다

음과 같이 각각 오직 하나씩 존재합니다.

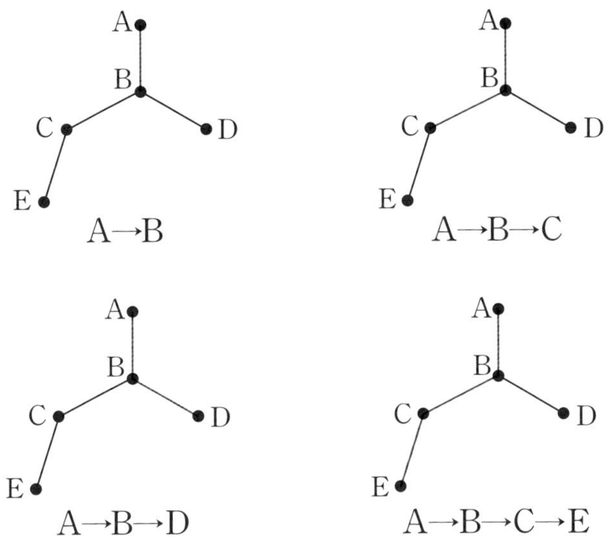

마찬가지로 꼭짓점 B, C, D, E에서도 다른 꼭짓점에 이르는 경로는 오직 하나씩 존재함을 알 수 있어요. 이것은 수형도가 회로를 갖지 않기 때문입니다. 따라서 임의의 두 꼭짓점 사이에는 단 하나의 경로가 있게 됩니다.

② 또 그래프에서 변을 가장 많이 갖는 경로는 꼭짓점 A에서 꼭짓점 E 사이의 경로로, 이때 양 끝 꼭짓점 A와 E의 차수는 1입니다.

③ 그래프에서 꼭짓점 E와 꼭짓점 D를 연결하면 다음과 같은 그래프가 만들어집니다.

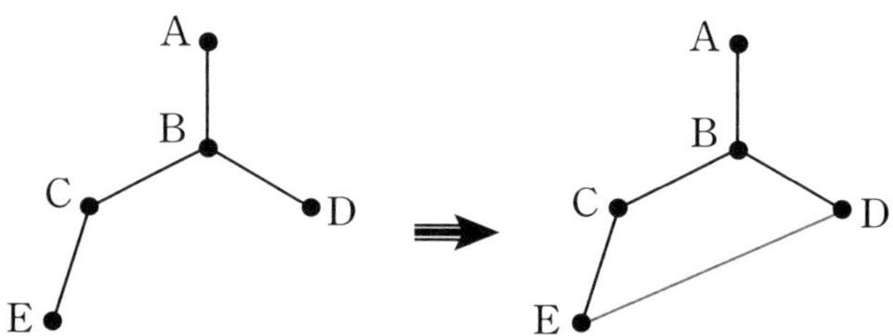

이때 이 그래프는 회로가 생기므로 수형도가 아닙니다. 따라서 수형도에서 변으로 연결되어 있지 않은 두 꼭짓점을 변으로 이어 만들어지는 그래프는 수형도가 되지 못합니다.

④ 역시 수형도에서 한 변을 삭제하여 만들어지는 그래프는 연결되어 있지 않아 수형도가 되지 못합니다. 그래프에서 변 BC를 삭제하면 다음과 같이 연결되어 있지 않아 수형도가 될 수 없습니다.

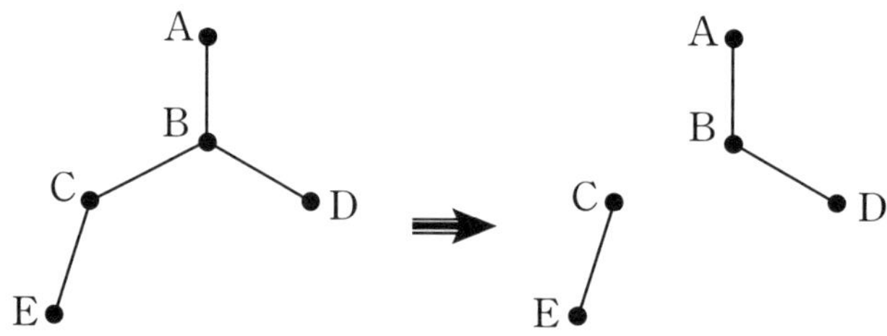

오일러는 아이들에게 어떤 모양이든지 자신의 원하는 모양의 수형도를 그리게 하였습니다.

수형도가 변과 꼭짓점으로 이루어져 있기 때문에, 이들 변과 꼭짓점 사이에도 어떤 특별한 성질이 성립합니다. 여러분이 가지고 있는 종이 위에 두 개 이상의 꼭짓점을 갖는 수형도를 하나 그려 봅시다. 나는 오른쪽과 같은 수형도를 그렸어요.

지금부터는 자신이 그린 수형도에서 차수가 1인 꼭짓점을 하나씩 지워 보세요.

그런 다음 아래 표의 빈 칸을 채워 봅시다.

꼭짓점의 개수					
변의 개수					

내가 그린 수형도에서 차수가 1인 꼭짓점을 하나씩 삭제하면 꼭짓점과 변이 한 개씩 줄어든 다음과 같은 수형도가 만들어집니다.

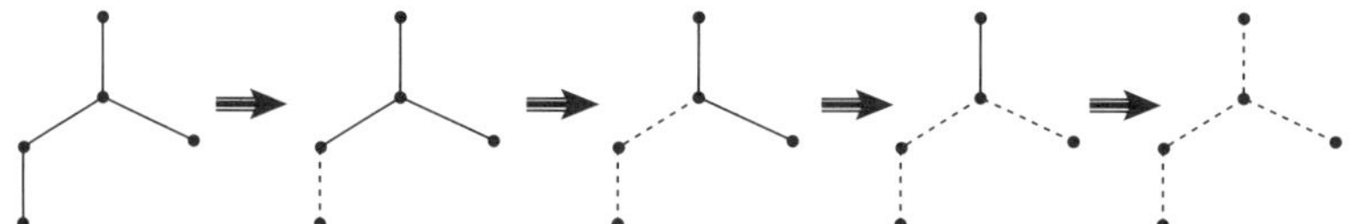

위의 각 단계에서 만들어지는 수형도의 꼭짓점의 개수와 변의 개수를 세어 보면 다음과 같아요.

꼭짓점의 개수	5	4	3	2	1
변의 개수	4	3	2	1	0

위의 표를 보면 일정한 규칙이 있음을 알 수 있죠?

"네! 변의 개수가 꼭짓점의 개수보다 한 개가 적어요."

맞아요. 따라서 수형도에서 꼭짓점의 개수를 v, 변의 개수를 e라 하면 다음과 같은 관계가 성립합니다.

$$v-e=1$$

반대로 다음과 같이 한 개의 꼭짓점에서부터 변의 개수가 꼭짓점의 개수보다 한 개 적도록 변과 꼭짓점의 개수를 늘려가 보면 어떨까요?

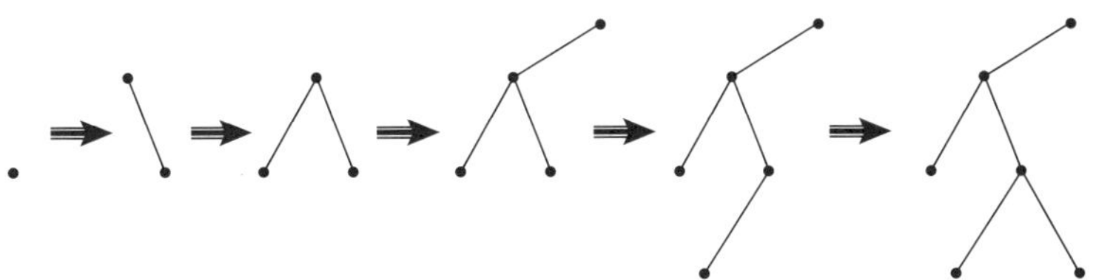

위의 조건에 만족하도록 변의 개수와 꼭짓점의 개수를 늘려가면서 얻는 그래프를 확인해 보면 모두 수형도임을 알 수 있습니다.

이 성질에 의해 꼭짓점의 개수와 변의 개수가 같은 연결된 그래프는 수형도가 아니므로 반드시 한 개의 회로를 가짐을 알 수 있어요.

이 성질과 관련해서 케일리Arthur Cayley는 이미 1857년에 화합물을 수형도로 나타내기도 했어요.

케일리는 분자식이 C_kH_{2k+2} k는 자연수 형태의 포화 탄화수소 화합물을 연구하는 과정에서 수형도를 도입했어요. 이것이 바로 화학이나 생화학에 그래프이론을 도입하는 계기가 되었어요.

k의 값이 증가함에 따라 정해지는 포화 탄화수소 C_kH_{2k+2}의 화합물은 다음과 같아요.

k	1	2	3	4	5
분자식	CH_4	C_2H_6	C_3H_8	C_4H_{10}	C_5H_{12}
이름	메탄methane	에탄ethane	프로판propane	부탄butane	펜탄pentane
k	6	7	8	9	10
분자식	C_6H_{14}	C_7H_{16}	C_8H_{18}	C_9H_{20}	$C_{10}H_{22}$
이름	헥산hexane	헵탄haptane	옥탄octane	노난nonane	데칸decane

탄소원소 기호 C의 원자가는 4, 수소원소 기호 H의 원자가는 1임을 이용하여 포화 탄화수소의 각 화합물의 분자 모형을 수형도로 나타낼 수 있습니다.

먼저 각 화합물의 분자 모형입체을 구조식평면으로 나타낸 다음, 구조식에서 탄소와 수소를 꼭짓점으로 나타내고 각 원소들을 연결하는 선을 변으로 나타내면 됩니다.

예를 들어, 분자식이 CH_4인 포화 탄화수소 메탄의 분자 모형은 다음과 같이 그래프로 나타낼 수 있습니다.

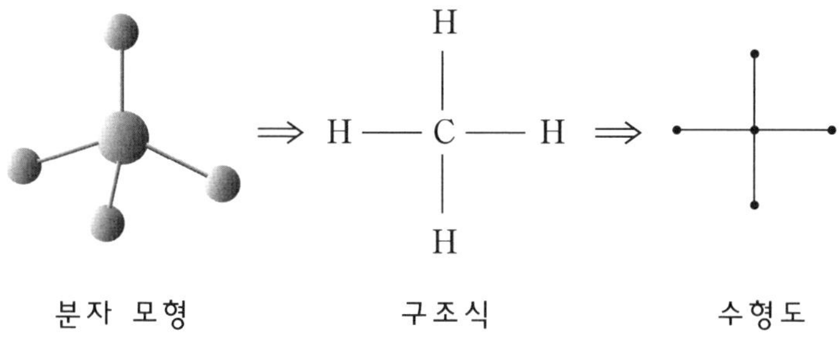

같은 방법으로 분자식이 C_2H_6인 포화 탄화수소 에탄을 나타내는 그래프는 다음과 같아요.

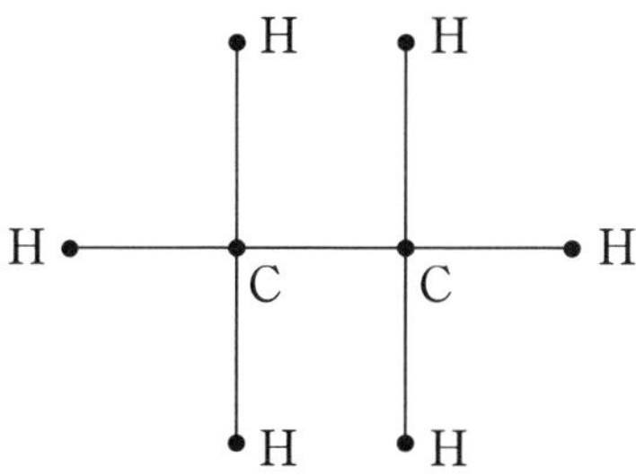

이 그래프에서 꼭짓점의 개수는 8, 변의 개수는 7로 변의 개수가 꼭짓점의 개수보다 한 개 더 적습니다.

이와 같이 포화 탄화수소가 나타내는 그래프는 변의 개수가 꼭 짓점의 개수보다 한 개 더 적습니다. 또 그래프가 연결되어 있으므로 수형도가 됨을 알 수 있습니다.

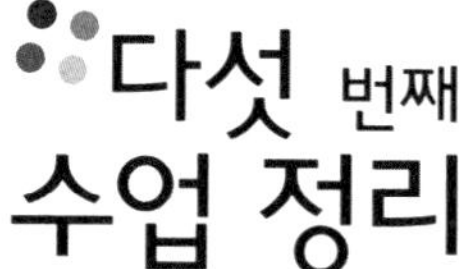

다섯 번째 수업 정리

❶ **수형도** 회로를 갖지 않는 연결된 그래프를 수형도라고 합니다. 다음은 수형도와 수형도가 아닌 그래프들의 예입니다.

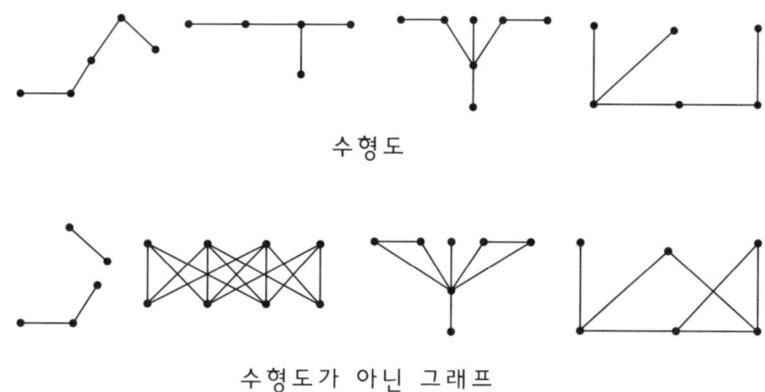

수형도

수형도가 아닌 그래프

❷ **수형도의 성질**

- 수형도는 회로를 갖지 않으므로 임의의 두 꼭짓점 사이에는 단 하나의 경로가 있습니다.
- 수형도에서 변을 가장 많이 갖는 경로의 양 끝 꼭짓점의 차수

는 1입니다.

- 수형도에서 변으로 연결되어 있지 않은 두 꼭짓점을 변으로 이으면 회로가 생기므로 수형도가 아닙니다.
- 수형도의 한 변을 삭제하여 만들어지는 그래프는 연결되어 있지 않으므로 수형도가 아닙니다.

생성수형도

연결된 그래프의 모든 꼭짓점을 포함하면서
변의 일부만을 삭제하여 만든 수형도인
생성수형도를 만드는 방법을 알아봅니다.

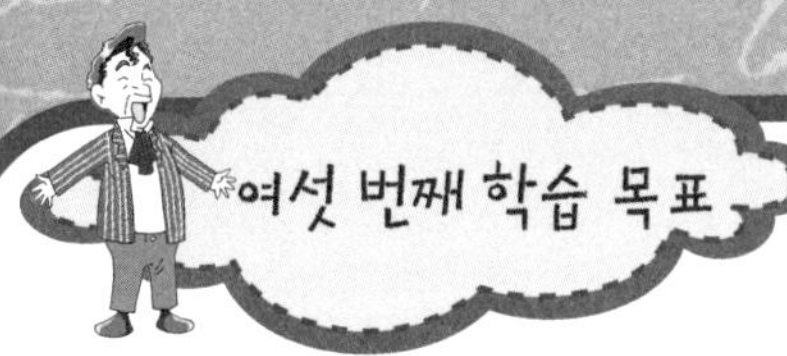

1. 생성수형도의 뜻과 생성수형도를 그리는 방법에 대해 알아봅니다.
2. 최소 비용 생성수형도의 뜻과 그것을 구하는 방법에 대해 알아봅니다.

미리 알면 좋아요

1. 크루스칼Joseph Kruskal, 1928~ 미국의 수학자이자 통계학자.

2. 프림Robert C. Prim, 1921~ 미국의 수학자이자 컴퓨터 과학자.

3. 알고리즘 원래는 인도에서 아랍을 거쳐 유럽에 보급된 필산筆算을 뜻하며, 아랍의 수학자인 알콰리즈미의 이름에서 유래하였습니다. 현재는 몇 번의 단계를 통해 문제를 해결하기 위한 절차나 방법을 의미합니다. 주로 컴퓨터 용어로 쓰이며, 컴퓨터가 어떤 일을 수행하기 위한 단계적 방법을 말합니다.

▨생성수형도란

오일러가 편지 한 장을 들고 들어와 읽기 시작했습니다.

어제 편지 한 통을 받았어요. 읽어 보니 여러분과 같이 생각해 보면 좋을 것 같아서 가지고 왔어요.

이 편지의 상황에 따라 도로를 건설할 때 가장 먼저 생각해야 하는 것은 무엇일까요?

오일러 선생님께!

안녕하세요? 저는 건설 회사를 운영하고 있는 김민기입니다. 선생님 소식은 간간이 듣고 있습니다. 앞이 거의 보이지 않는데도 여전히 연구에만 전념하고 계신다고 다들 걱정을 하더군요. 하지만 선생님만이 제 문제를 해결해 주실 수 있을 것 같아 염치 없지만 이렇게 편지를 쓰게 되었습니다.

저희 회사에서는 이번에 시에서 주관하는 토지 개발 프로젝트에 참여하여 그림과 같이 여러 채의 집을 짓고 그 집들을 연결하는 도로를 건설하는 업무를 맡았습니다. 도로를 건설할때는 회로가 생기지 않게 하여 필요한 경비를 최소한으로 하려고 합니다. 그림에 나타낸 숫자는 도로를 건설하는 데 드는 비용입니다.

도로를 어떻게 연결하면 좋을까요? 힘드시겠지만 꼭 도와주십시오.

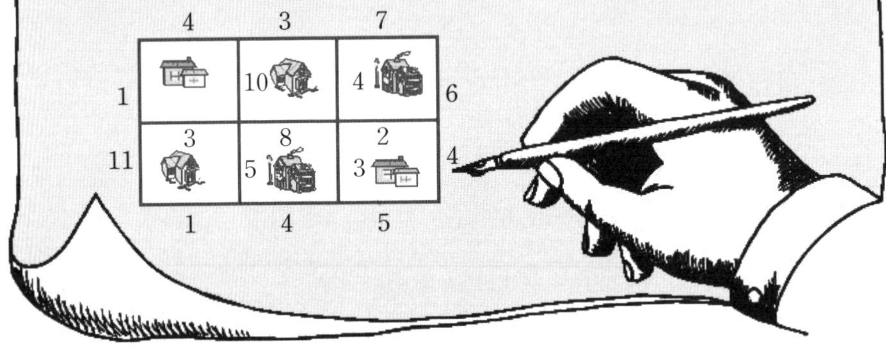

"회로가 생기지 않도록 건설하는 거요."

"6채의 집이 연결되어야 해요."

그럼, 회로가 없으면서 6채의 집이 연결되는 도로를 건설해야겠네요.

"선생님, 회로가 없으면서 연결되어 있는 것은 수형도 아닌가요?"

와우~! 바로 그거예요. 위의 상황에 맞게 도로를 건설하려면 그래프가 수형도가 되어야 합니다.

그런데 앞의 그래프는 연결된 그래프예요. 수형도를 만들려면 어떻게 해야 할까요?

"가장 먼저 회로를 만드는 변을 지우면 되지 않을까요?"

여러분이 말한 대로 변을 삭제하여 연결된 그래프를 수형도로 만들어 봅시다. 회로를 구성하는 변을 차례로 삭제해서 회로를 없애면 됩니다.

꼭짓점의 개수가 12개인 수형도의 변의 개수는 11개라는 것은 알고 있죠?

그런데 앞 그래프의 변의 개수는 17개이므로 수형도를 만들기 위해서는 6개의 변을 삭제해야 합니다.

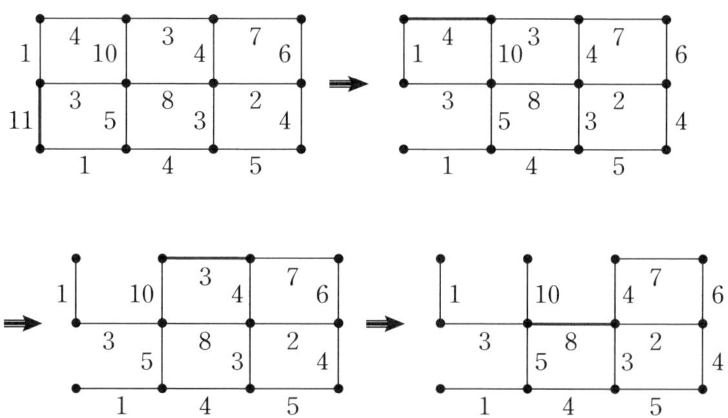

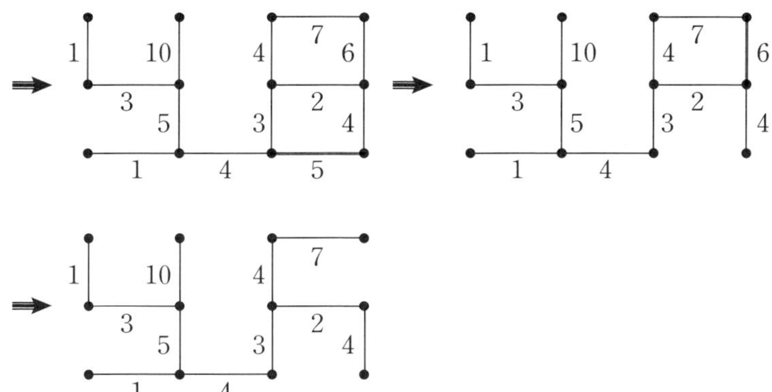

마지막 그래프는 연결되어 있으면서 회로를 갖지 않으므로 수형도가 됨을 알 수 있어요.

또 어떤 변을 삭제하느냐에 따라 아래와 같이 다양한 모양의 수형도를 만들 수 있습니다.

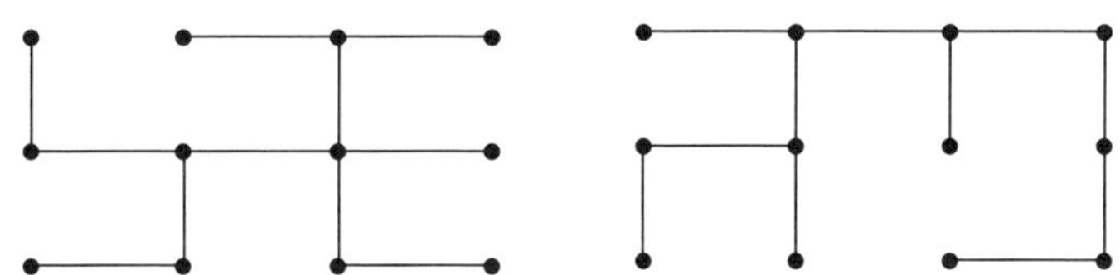

이와 같이 연결된 그래프에서 변을 삭제하여 얻어지는 수형도를 그 그래프의 생성수형도라 합니다. 모든 연결된 그래프는 변을 삭제함으로써 생성수형도를 만들 수 있기 때문에, '연결된 그래프는 생성수형도를 가지고 있다' 고 말하기도 합니다.

생성수형도를 만들려면 주어진 그래프의 꼭짓점의 개수 v와 변의 개수 e의 관계가 $v-e=1$이 될 때까지 연결된 상태를 유지하면서 변을 삭제하면 됩니다.

생성수형도를 자세히 살펴보면 주어진 그래프의 모든 꼭짓점과 변의 일부분으로 이루어졌음을 알 수 있습니다.

도로를 건설할 때 그 다음으로 생각해야 할 것은 필요한 경비가 최소가 되도록 해야 한다는 것입니다.

"그럼, 여러 개의 생성수형도 중에서 각 변 비용의 합이 최소가 되는 수형도를 찾으면 되겠네요."

맞아요. 이렇게 비용의 합이 최소가 되는 생성수형도를 최소 비용 생성수형도라고 합니다.

▨최소 비용 생성수형도 만들기

그렇다면 최소 비용 생성수형도는 어떻게 찾을까요? 모든 생성수형도를 만든 다음, 각 생성수형도 변의 비용의 합을 구하여 비교해 보는 방법은 시간이 많이 걸릴 뿐 아니라 비경제적입니다.

이때 가장 쉽게 생각할 수 있는 방법이 연결된 모든 변 중에서 비용이 가장 적게 드는 변을 따라 도로를 건설하는 것입니다.

이와 같은 생각을 바탕으로 하여 생성수형도를 만들어 볼까요?

①단계 : 주어진 그래프에서 최소 비용을 갖는 변을 모두 선택합니다.

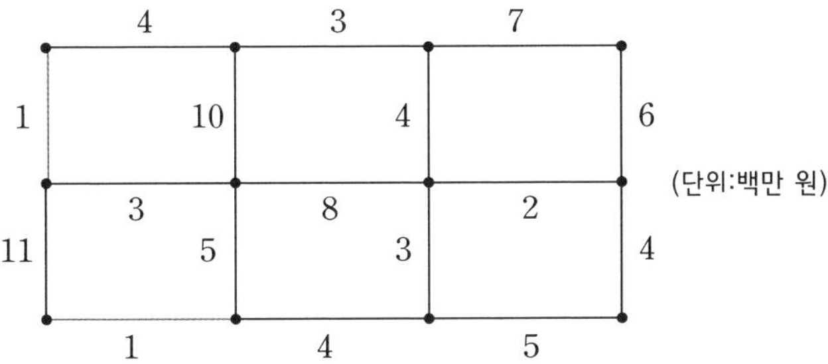

②단계 : 1단계에서 선택하지 않은 변 중에서 최소 비용을 갖는 변을 모두 선택합니다. 이때 지금까지 선택한 변들이 회로를 만들면 비용이 가장 비싼 변을 제외합니다.

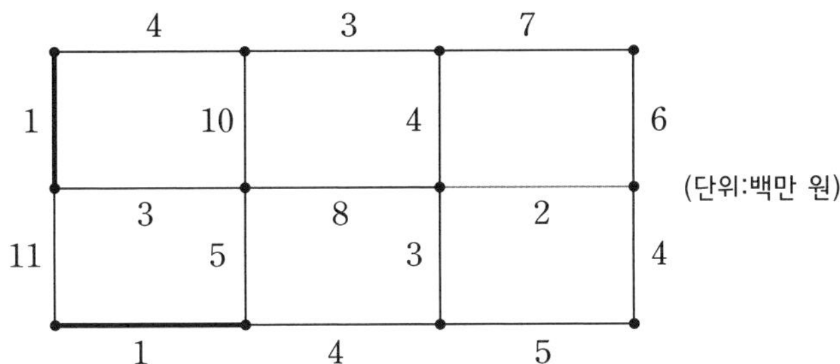

③단계 : ②단계의 과정을 반복하여 그래프의 모든 꼭짓점이 포함된 생성수형도를 만듭니다.

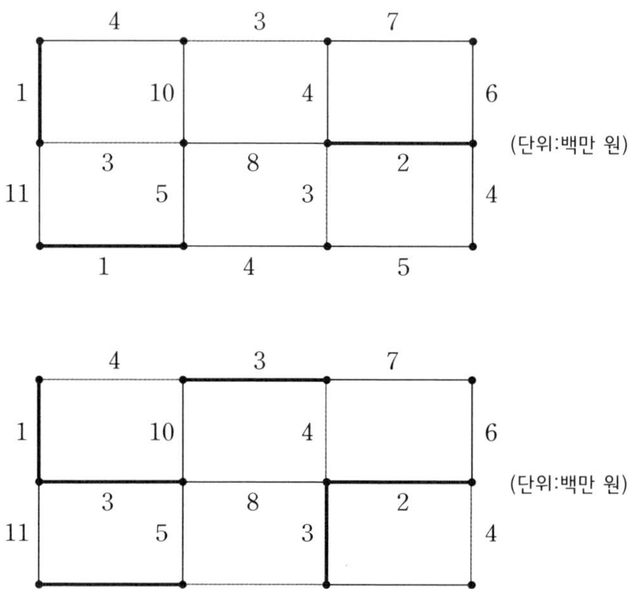

이번에는 선택되지 않은 변 중 최소의 비용인 5를 갖는 변을 선택합니다. 하지만 회로를 형성하기 때문에 이 변을 선택하지 않습니다. 선택되지 않은 변 중에서 그 다음 최소의 비용인 6을 선택합니다.

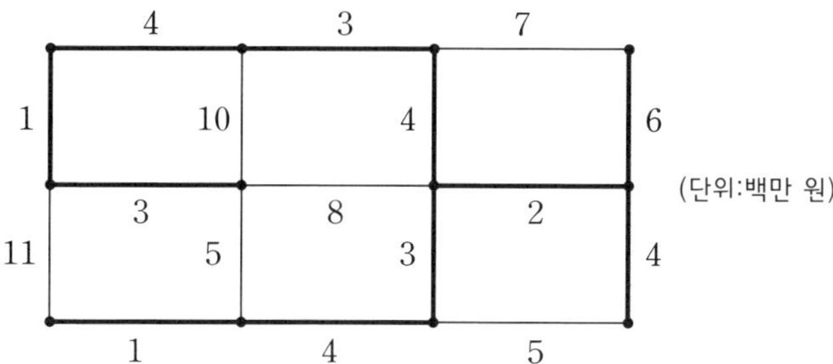

이제 그래프의 모든 꼭짓점을 포함하는 생성수형도가 만들어졌습니다.

이렇게 만들어진 생성수형도의 변의 비용을 모두 합하면 다음과 같습니다.

1+1+2+3+3+3+4+4+4+4+6=35백만 원

이와 같은 방법으로 최소 비용 생성수형도를 만드는 방법을 크루스칼Kruskal의 알고리즘이라고 합니다. 원래 이 알고리즘은 체코의 수학자 오타카르 보루푸카가 낸 순수수학 문제를 해결하기 위해 크루스칼이 생각해 낸 것이었어요.

최소 비용 생성수형도를 만드는 데 유용한 또 다른 알고리즘도 있어요. 바로 프림Prim의 알고리즘입니다.

①단계 : 임의의 한 꼭짓점을 선택하고 그 꼭짓점과 연결된 변 중 최소 비용을 갖는 변을 선택합니다. 이것이 처음으로 만들어지는 수형도입니다.

꼭짓점 A에서 출발한다고 합시다.

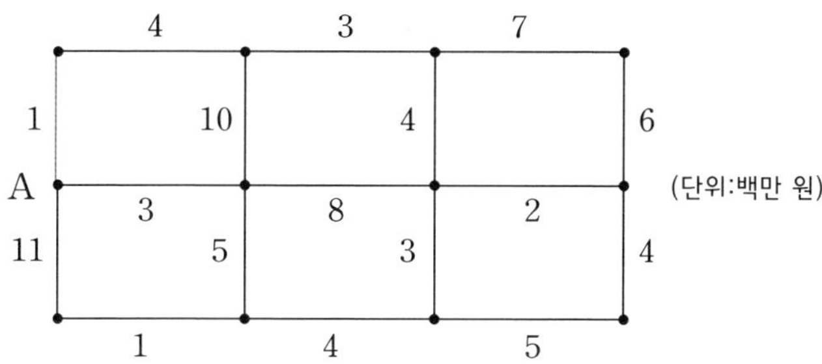

②단계 : 이전 단계에서 만든 수형도 내의 한 꼭짓점에 연결된 변 하나를 다음 조건에 맞게 선택합니다.

- 선택하는 변은 수형도에 연결된 변 중에서 최소 비용을 가져야 합니다.
- 선택하는 변이 이전 단계의 수형도에 포함될 때 회로를 형성하지 않아야 합니다.

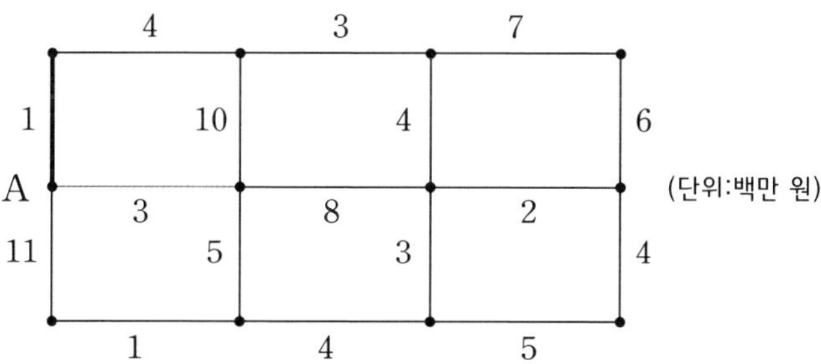

③단계 : ②단계의 과정을 반복하여 그래프의 모든 꼭짓점이

포함된 생성수형도를 만듭니다.

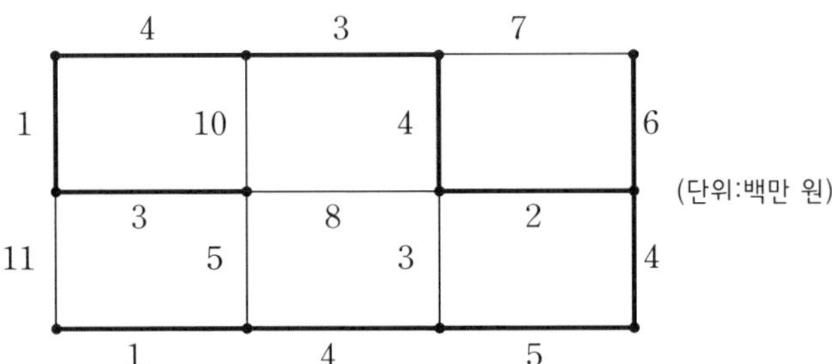

이렇게 만들어진 생성수형도 변의 비용을 모두 합하면 다음과 같습니다.

1+3+4+3+4+2+4+5+4+1+6=37백만 원

여섯 번째 수업 정리

1 **생성수형도** 연결된 그래프에서 변을 삭제하여 얻어지는 수형도를 그 그래프의 생성수형도라고 합니다. 예를 들어, 다음은 주어진 그래프의 생성수형도들입니다.

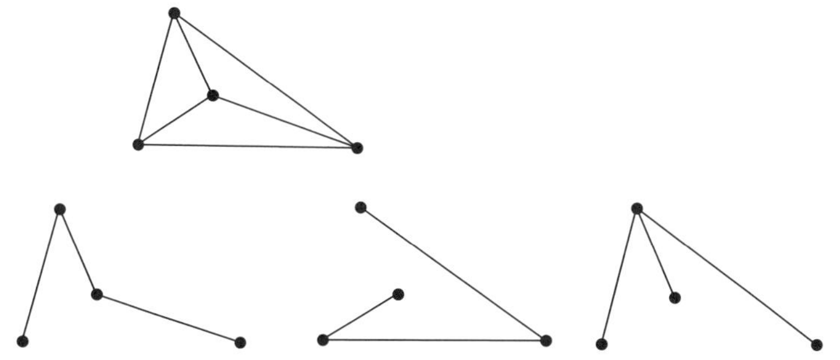

2 **생성수형도의 성질**

- 주어진 그래프의 생성수형도는 그 그래프 변의 일부와 모든 꼭짓점을 포함합니다.
- 모든 연결된 그래프는 생성수형도를 갖습니다.
- 꼭짓점의 개수가 p개인 연결된 그래프는 최소한 $p-1$개의 변을 갖습니다.

행렬과 그래프

그래프를 수치화하여

행렬로 나타내는 방법에 대해 공부합니다.

1. 행렬의 뜻과 행렬의 덧셈, 뺄셈, 곱셈을 알아봅니다.
2. 그래프를 행렬로 나타내 보고, 그 성질을 알아봅니다.

미리 알면 좋아요

1. **행렬**matrix 다음과 같이 직사각형 모양으로 수를 배열하고 괄호로 묶은 것입니다.

$$\begin{pmatrix} 2 & 3 & 2 \\ 1 & -1 & 6 \end{pmatrix}$$

행렬은 수의 배열에 불과한 간단한 것이지만 여러 분야에 이용되는 유용한 개념입니다. 행렬이란 이름은 영국의 수학자 실베스터Sylvester, J, 1814-1897가 처음 붙인 것으로 알려져 있으며, 영국의 수학자 케일리Cayley, A.에 의해 행렬의 많은 이론이 발전되고 응용 범위가 넓혀졌습니다. 특히 20세기에 들어와서 행렬은 수학뿐만이 아니라 통계학, 선형계획론과 경제학 등의 분야에 폭넓게 응용되고 있으며 최근에는 더 많은 사회과학 분야에 응용되고 있습니다. 한 나라의 경제 계획이나 예산 편성 또는 기업의 이익 극대화를 달성하려는 경영 전략의 수립 등은 대단히 복잡한 과정을 거쳐서 이루어지는데, 행렬을 이용하면 그 과정이 상당히 간단해집니다.

▨행렬의 뜻

오일러는 아이들 각자에게 다음과 같은 표가 그려져 있는 종이를 나누어 주고 표를 채워 보도록 하였습니다.

1학기의 문화 활동			
학생 이름	읽은 책 수권	영화 관람 수편	음악회, 미술관 관람 수

2학기의 문화 활동			
학생 이름	읽은 책 수권	영화 관람 수편	음악회, 미술관 관람 수

학생들이 각자의 표를 채우는 것을 지켜본 후, 오일러는 건우와 다은이에게 칠판에 있는 표를 채우도록 하였습니다.

1학기의 문화 활동			
학생 이름	읽은 책 수권	영화 관람 수편	음악회, 미술관 관람 수
건우	23	6	4
다은	19	8	2

2학기의 문화 활동			
학생 이름	읽은 책 수권	영화 관람 수편	음악회, 미술관 관람 수
건우	17	6	3
다은	22	5	4

이 두 표에서 문화 활동의 결과를 나타내는 숫자만을 뽑아 표와 같은 형태로 배열하고 괄호로 묶으면 아래와 같이 간단히 나타낼 수 있어요.

$$\begin{pmatrix} 23 & 6 & 4 \\ 19 & 8 & 2 \end{pmatrix} \qquad \begin{pmatrix} 17 & 6 & 3 \\ 22 & 5 & 4 \end{pmatrix}$$

이와 같이 수 또는 문자를 직사각형 모양으로 배열하여 괄호로 묶은 것을 행렬이라 합니다. 일반적으로 행렬은 알파벳의 대문자 $A, B, C, \cdots$ 를 써서 나타냅니다.

$$A = \begin{pmatrix} 23 & 6 & 4 \\ 19 & 8 & 2 \end{pmatrix} \qquad B = \begin{pmatrix} 17 & 6 & 3 \\ 22 & 5 & 4 \end{pmatrix}$$

이때 행렬의 가로줄을 행, 세로 줄을 열, 괄호 안의 각각의 수나 문자를 그 행렬의 성분이라고 합니다. 행렬의 i번째 행과 j번째 열이 만나는 곳의 성분은 행렬의 (i, j)성분이라 해요.

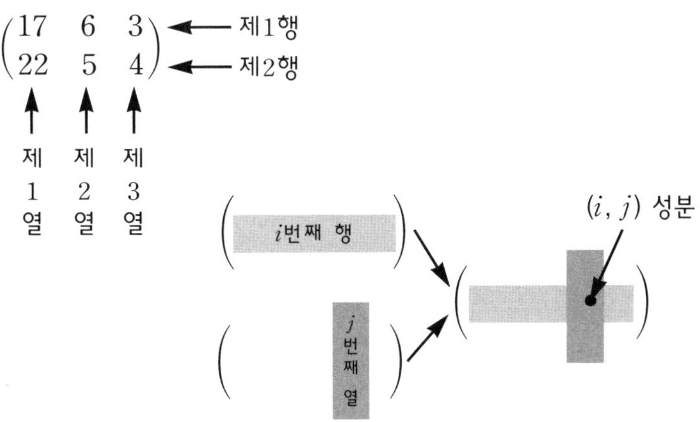

또 일반적으로 행의 개수가 m, 열의 개수가 n인 행렬을 $m \times n$행렬이라고 합니다.

위의 행렬은 행이 2개, 열이 3개이므로 2×3행렬이에요.

이번에는 1학기와 2학기의 문화 활동 결과를 합하여 다시 표에 나타내 볼까요? 일단 표를 그려 보아야겠죠?

1학기와 2학기 문화 활동 횟수의 합			
학생 이름	읽은 책권	영화 관람 수편	음악회, 미술관 관람 수
건우	40	12	7
다은	41	13	6

표로 그리는 것보다 다음과 같이 나타내는 것이 훨씬 편리함을 알 수 있어요.

$$\begin{pmatrix} 40 & 12 & 7 \\ 41 & 13 & 6 \end{pmatrix}$$

두 행렬 A, B의 행의 개수와 열의 개수가 같을 때 각 행렬에 대하여 같은 위치에 있는 성분끼리 더하는 것을 두 행렬 A, B의 덧셈이라 하고 기호로 $A+B$와 같이 나타냅니다.

$$A+B=\begin{pmatrix} 40 & 12 & 7 \\ 41 & 13 & 6 \end{pmatrix}$$

2학기의 문화 활동 결과가 1학기의 문화 활동 결과와 차이가 얼마나 나는지를 알아보려면 어떻게 해야 할까요?

"2학기의 문화 활동 결과에서 1학기의 문화 활동 결과를 빼면 돼요."

이번에는 표로 나타내지 않고 바로 행렬로 표현해 보는 것은 어떨까요?

B의 각 성분에서 같은 위치에 있는 A의 성분을 빼는 것을 행렬 A, B의 뺄셈이라 하고 기호로 $B-A$와 같이 나타냅니다.

건우와 다은이의 문화 활동 결과를 이용하여 뺄셈을 해 보면 다음과 같아요.

$$B-A=\begin{pmatrix} -6 & 0 & -1 \\ 3 & -3 & 2 \end{pmatrix}$$

또 건우와 다은이는 내년에 올해 2학기의 2배가 되도록 문화 활동을 할 예정입니다. 내년의 문화 활동 계획을 표로 나타내 보았습니다.

내년의 문화 활동 계획			
학생 이름	읽은 책권	영화 관람 수편	음악회, 미술관 관람 수
건우	34	12	6
다은	44	10	8

이것을 행렬로 나타내면 다음과 같아요.

$$\begin{pmatrix} 34 & 12 & 6 \\ 44 & 10 & 8 \end{pmatrix}$$

건우와 다은이의 내년 문화 활동 계획을 어떻게 계산했는지 이해되나요?

"네~, 행렬 B의 모든 성분에 각각 2를 곱했어요."

그래요. 이와 같이 임의의 실수 k에 대하여 행렬 A의 모든 성분을 각각 k배하는 것을 행렬의 실수배라고 하고, 기호로 kA와 같이 나타냅니다. 만약 위의 행렬 A를 3배하면 다음과 같이 되는 것이죠.

$$3A=\begin{pmatrix} 69 & 18 & 12 \\ 57 & 24 & 6 \end{pmatrix}$$

두 행렬의 곱셈은 다음과 같이 앞 행렬의 i번째 행의 성분과 뒤 행렬의 j번째 열의 성분을 차례로 곱하여 합한 것을 (i, j)성분으로 하는 행렬을 구하는 것입니다.

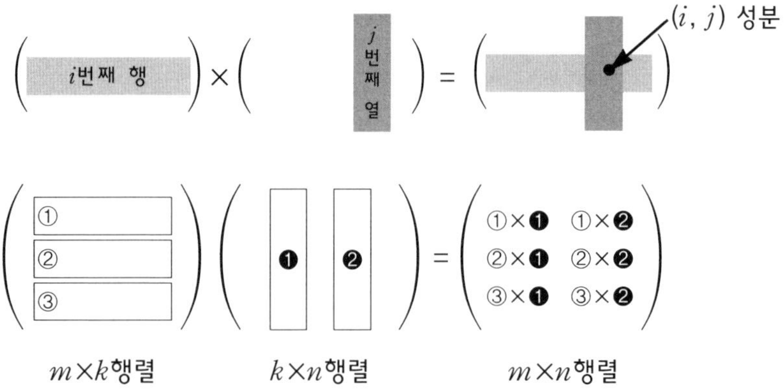

i번째 행 × j번째 열 = (i, j) 성분

①, ②, ③ × ❶, ❷ = ①×❶ ①×❷ / ②×❶ ②×❷ / ③×❶ ③×❷

$m\times k$행렬　$k\times n$행렬　$m\times n$행렬

이때 행렬 A, B의 곱을 기호로 AB와 같이 나타냅니다.

$$A=\begin{pmatrix}3 & 2\\0 & 1\\2 & 4\end{pmatrix},\qquad B=\begin{pmatrix}3 & 1\\2 & 5\end{pmatrix}$$

$$AB=\begin{pmatrix}3\times3+2\times2 & 3\times1+2\times5\\0\times3+1\times2 & 0\times1+1\times5\\2\times3+4\times2 & 2\times1+4\times5\end{pmatrix}=\begin{pmatrix}13 & 13\\2 & 5\\14 & 22\end{pmatrix}$$

▨ 그래프를 행렬로 나타내기

다음과 같이 주어진 그래프의 두 꼭짓점이 변으로 연결되어 있으면 1, 변으로 연결되어 있지 않으면 0으로 하여 두 꼭짓점 사이의 관계를 표로 나타낸 후, 이 표를 행렬로 나타낼 수 있습니다.

예를 들어, 다음은 네 도시 서울, 부산, 광주, 제주 간에 개설된 어느 항공사의 항로를 그래프로 나타낸 것입니다.

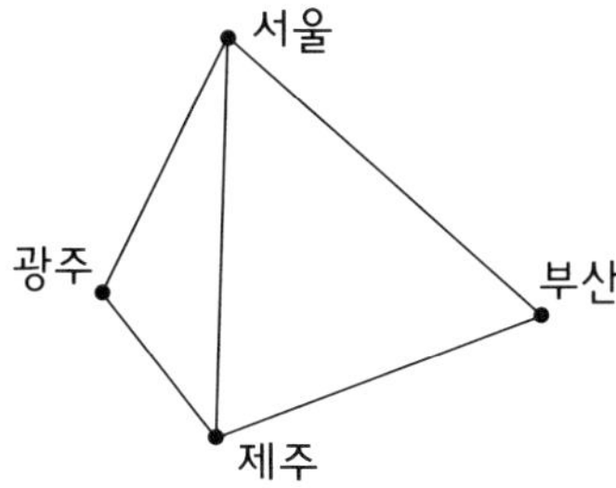

위 그래프에서 다음과 같은 표를 만들어 항로가 개설된 곳에는 1, 항로가 개설되어 있지 않은 곳에는 0을 써 봅시다.

	서울	부산	광주	제주
서울	0	1	1	1
부산	1	0	0	1
광주	1	0	0	1
제주	1	1	1	0

표의 숫자를 사각형 모양으로 배열하고 괄호로 묶으면 다음과 같은 행렬을 얻을 수 있습니다.

$$\begin{array}{c} \\ 서울 \\ 부산 \\ 광주 \\ 제주 \end{array} \begin{array}{c} \begin{array}{cccc} 서울 & 부산 & 광주 & 제주 \end{array} \\ \begin{pmatrix} 0 & 1 & 1 & 1 \\ 1 & 0 & 0 & 1 \\ 1 & 0 & 0 & 1 \\ 1 & 1 & 1 & 0 \end{pmatrix} \end{array}$$

이와 같이 그래프의 각 꼭짓점 사이의 연결 관계를 수치로 나타낸 행렬을 인접행렬이라고 합니다. 따라서 인접행렬은 한 도시에서 다른 도시로 가는 방법의 수를 나타낸 행렬이라 할 수 있어요.

호기심쟁이 창우가 갑자기 질문을 했습니다.

"선생님, 서울에서 광주를 거쳐 부산으로 가는 방법처럼 A 도시에서 다른 한 도시를 거쳐 B 도시로 가는 방법의 수로 구성된 행렬도 나타낼 수 있나요?"

같이 알아보기로 할까요?

우선 A 도시에서 다른 한 도시를 거쳐 B 도시로 가는 방법의 수를 몇 가지만 알아보기로 해요.

서울에서 다른 한 도시를 거쳐 다시 서울로 가는 방법의 수는 몇 가지가 있나요?

"3가지입니다."

맞아요. 다음과 같이 3가지가 있어요.

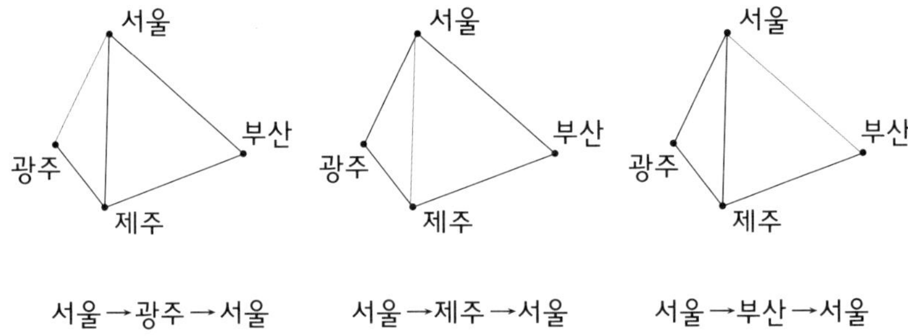

그럼 서울에서 다른 한 도시를 거쳐 부산, 광주, 제주로 가는 방법의 수는 어떨까요?

부산으로 가는 경우는 다음과 같이 1가지뿐입니다.

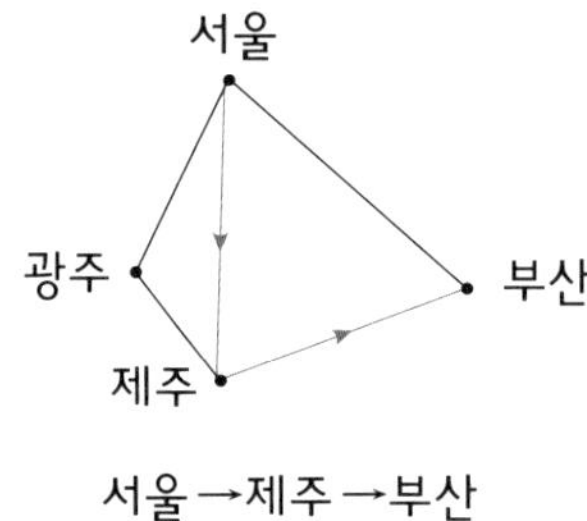

서울→제주→부산

또 광주로 가는 경우도 다음의 1가지예요.

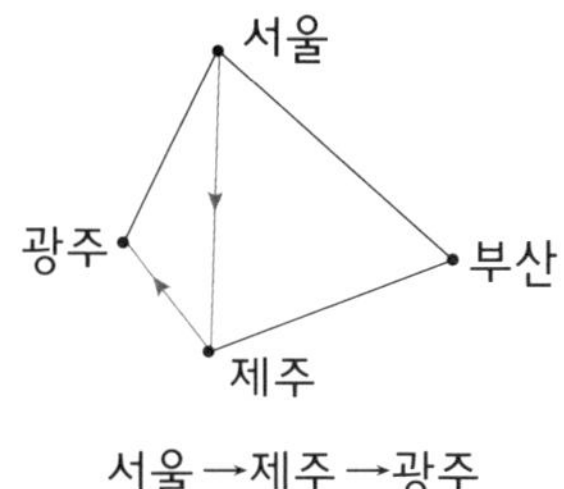

서울→제주→광주

하지만 제주로 가는 경우는 다음처럼 2가지가 있어요.

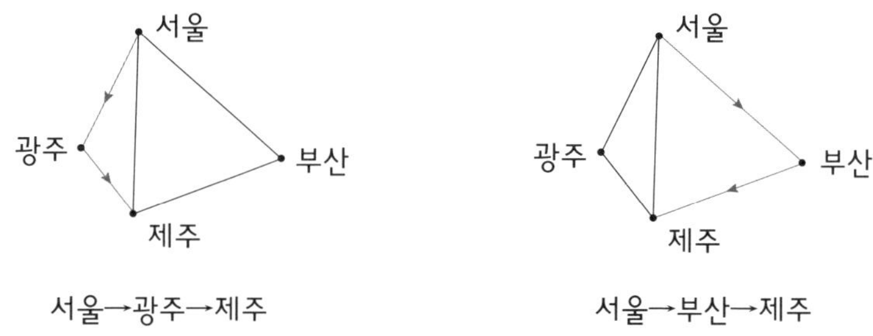

서울→광주→제주 서울→부산→제주

창우가 불만이 많은 표정으로 다시 질문을 했습니다.

"A 도시에서 다른 한 도시를 거쳐 B 도시로 가는 방법의 수로 구성된 행렬을 나타내기 위해서 이렇게 일일이 다 계산하는 방법밖에 없나요?"

성급한 창우의 질문을 들은 오일러는 빙긋이 웃으며 말을 계속 이어 갔습니다.

그럼 이번에는 인접행렬을 두 번 곱해 보기로 할까요?

$$AA=\begin{pmatrix} 0 & 1 & 1 & 1 \\ 1 & 0 & 0 & 1 \\ 1 & 0 & 0 & 1 \\ 1 & 1 & 1 & 0 \end{pmatrix}\begin{pmatrix} 0 & 1 & 1 & 1 \\ 1 & 0 & 0 & 1 \\ 1 & 0 & 0 & 1 \\ 1 & 1 & 1 & 0 \end{pmatrix}=\begin{matrix} \text{서울} \\ \text{부산} \\ \text{광주} \\ \text{제주} \end{matrix}\overset{\begin{matrix} \text{서울} & \text{부산} & \text{광주} & \text{제주} \end{matrix}}{\begin{pmatrix} 3 & 1 & 1 & 2 \\ 1 & 2 & 2 & 1 \\ 1 & 2 & 2 & 1 \\ 2 & 1 & 1 & 3 \end{pmatrix}}$$

이 행렬을 보면서 발견한 것이 없나요?

“어! 행렬의 첫 번째 행에 있는 숫자들이 아까 선생님과 함께 구했던 서울에서 다른 한 도시를 거쳐 서울, 부산, 광주, 제주로 가는 방법의 수랑 같아요. 너무 신기해요.”

그래요. 한 그래프의 인접행렬 A를 두 번 곱한 AA는 A^2이라 하는데, 이 A^2을 구성하고 있는 각 값은 그 값에 해당하는 두 꼭짓점을 잇는 경로 중 특히 두 개의 변으로 이루어진 경로의 수를 나타낸답니다. 따라서 A^2에서 제주에서 다른 한 도시를 거쳐 부산으로 가는 방법의 수는 한 가지뿐이라는 것을 쉽게 확인할 수 있는 거죠.

$$A^2 = \begin{array}{c} \\ 서울 \\ 부산 \\ 광주 \\ 제주 \end{array} \begin{array}{c} \begin{array}{cccc} 서울 & 부산 & 광주 & 제주 \end{array} \\ \begin{pmatrix} 3 & 1 & 1 & 2 \\ 1 & 2 & 2 & 1 \\ 1 & 2 & 2 & 1 \\ 2 & 1 & 1 & 3 \end{pmatrix} \end{array}$$

간단한 예를 하나만 더 들어 볼까요?

여러분이 먼저 다음 그래프의 인접행렬 A와 A^2행렬을 구해 보세요.

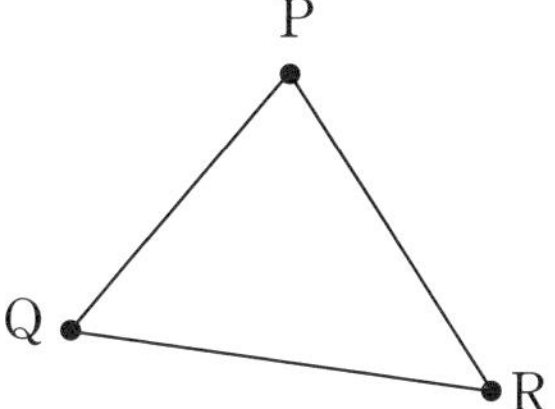

오일러는 아이들이 두 행렬을 구하는 시간을 주었습니다.

같이 구해 보기로 할까요?

먼저 위의 그래프의 인접행렬은 다음과 같습니다.

$$A = \begin{array}{c} \\ P \\ Q \\ R \end{array} \begin{array}{c} \begin{array}{ccc} P & Q & R \end{array} \\ \begin{pmatrix} 0 & 1 & 1 \\ 1 & 0 & 1 \\ 1 & 1 & 0 \end{pmatrix} \end{array}$$

그리고 A^2은 다음과 같죠.

$$A^2 = \begin{pmatrix} 0 & 1 & 1 \\ 1 & 0 & 1 \\ 1 & 1 & 0 \end{pmatrix} \begin{pmatrix} 0 & 1 & 1 \\ 1 & 0 & 1 \\ 1 & 1 & 0 \end{pmatrix} = \begin{array}{c} \\ \mathrm{P} \\ \mathrm{Q} \\ \mathrm{R} \end{array} \begin{array}{c} \begin{array}{ccc} \mathrm{P} & \mathrm{Q} & \mathrm{R} \end{array} \\ \begin{pmatrix} \textcircled{2} & \overset{\triangle}{1} & 1 \\ 1 & 2 & 1 \\ 1 & 1 & 2 \end{pmatrix} \end{array}$$

따라서 꼭짓점 P에서 다른 한 꼭짓점을 지나 두 번 만에 P로 가는 방법의 수는 2이고, 역시 P에서 다른 한 꼭짓점을 지나 두 번 만에 Q까지 가는 방법의 수는 1임을 알 수 있습니다. 실제로 꼭짓점 P에서 P로 두 번 만에 가는 방법은 다음과 같이 두 가지이죠.

$$\mathrm{P} \to \mathrm{Q} \to \mathrm{P},\ \ \mathrm{P} \to \mathrm{R} \to \mathrm{P}$$

또한 꼭짓점 P에서 Q로 두 번 만에 가는 방법은 아래 하나뿐입니다.

$$\mathrm{P} \to \mathrm{R} \to \mathrm{Q}$$

그래프는 꼭짓점과 변을 이용하여 그림으로 표현하는 것으로,

쉽게 알아볼 수 있는 장점이 있지만 여러 가지 제약을 안고 있어요. 이때 그래프를 수치화하여 나타내면 그 구조를 보다 쉽게 이해할 수 있습니다. 또 이 그래프를 컴퓨터를 이용하여 분석하는 경우 그래프를 컴퓨터에 입력하기 위해서 수치화한 자료가 필요한데 그 자료는 숫자를 직사각형 모양으로 배열하여 괄호로 묶어서 나타낸 것으로, 바로 오늘 공부한 행렬이에요.

일곱 번째 수업 정리

1 **행렬** 몇 개의 수 또는 문자를 직사각형 모양으로 배열하여 괄호로 묶은 것을 행렬이라고 합니다. 행렬에서 i행과 j열이 만나는 위치에 있는 성분을 그 행렬의 (i, j) 성분이라 하고, a_{ij}로 나타내며, 행의 개수가 m , 열의 개수가 n인 행렬을 $m \times n$행렬이라 합니다.

2 **인접행렬** 그래프의 각 꼭짓점 사이의 연결 관계를 수치로 나타낸 행렬을 인접행렬이라고 합니다. 그래프에서 두 꼭짓점 사이에 변이 있으면 1로, 그렇지 않으면 0으로 나타냅니다. 예를 들어, 다음과 같이 나타냅니다.

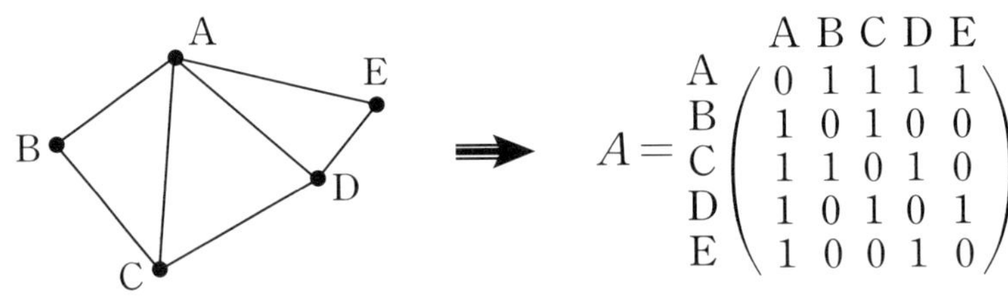

$$A = \begin{array}{c} \\ A \\ B \\ C \\ D \\ E \end{array} \begin{array}{c} \begin{array}{ccccc} A & B & C & D & E \end{array} \\ \begin{pmatrix} 0 & 1 & 1 & 1 & 1 \\ 1 & 0 & 1 & 0 & 0 \\ 1 & 1 & 0 & 1 & 0 \\ 1 & 0 & 1 & 0 & 1 \\ 1 & 0 & 0 & 1 & 0 \end{pmatrix} \end{array}$$

❸ **인접행렬의 응용** 주어진 그래프의 인접행렬을 이용하면 두 꼭짓점을 잇는 경로의 개수를 구할 수 있습니다. 즉 어느 그래프의 인접행렬 A에 대하여 행렬 AA를 A^2으로 나타내고, 이때 행렬 A^2의 각 성분은 그 성분에 해당하는 두 꼭짓점을 잇는 2개의 변으로 이루어진 경로의 개수입니다.

예를 들어, 어느 버스 회사의 버스 노선을 그래프로 나타낸 그림이 다음과 같을 때, 서울에서 출발하여 다른 한 도시를 거쳐 전주로 가는 방법의 수는 3입니다.

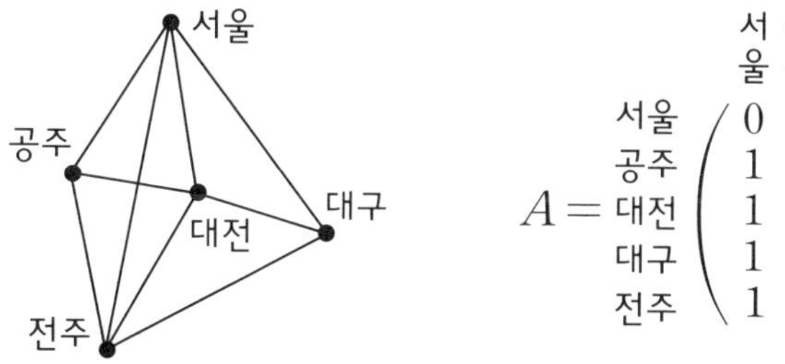

$$A=\begin{array}{c} \\ 서울 \\ 공주 \\ 대전 \\ 대구 \\ 전주 \end{array}\!\!\begin{array}{c} \begin{array}{ccccc} 서울 & 공주 & 대전 & 대구 & 전주 \end{array} \\ \begin{pmatrix} 0 & 1 & 1 & 1 & 1 \\ 1 & 0 & 1 & 0 & 1 \\ 1 & 1 & 0 & 1 & 1 \\ 1 & 0 & 1 & 0 & 1 \\ 1 & 1 & 1 & 1 & 0 \end{pmatrix} \end{array}$$

$$A^2=\begin{pmatrix} 0 & 1 & 1 & 1 & 1 \\ 1 & 0 & 1 & 0 & 1 \\ 1 & 1 & 0 & 1 & 1 \\ 1 & 0 & 1 & 0 & 1 \\ 1 & 1 & 1 & 1 & 0 \end{pmatrix}\begin{pmatrix} 0 & 1 & 1 & 1 & 1 \\ 1 & 0 & 1 & 0 & 1 \\ 1 & 1 & 0 & 1 & 1 \\ 1 & 0 & 1 & 0 & 1 \\ 1 & 1 & 1 & 1 & 0 \end{pmatrix}=\begin{array}{c} \\ 서울 \\ 공주 \\ 대전 \\ 대구 \\ 전주 \end{array}\!\!\begin{array}{c} \begin{array}{ccccc} 서울 & 공주 & 대전 & 대구 & 전주 \end{array} \\ \begin{pmatrix} 4 & 2 & 3 & 2 & \textcircled{3} \\ 2 & 3 & 2 & 3 & 2 \\ 3 & 2 & 4 & 2 & 3 \\ 2 & 3 & 2 & 3 & 2 \\ 3 & 2 & 3 & 2 & 4 \end{pmatrix} \end{array}$$

색칠 문제와 계획 세우기의 해결사, 그래프

일상생활에서 자주 나타나는 최적화 문제를 그래프를 이용하여 해결하는 방법에 대해 알아봅니다.

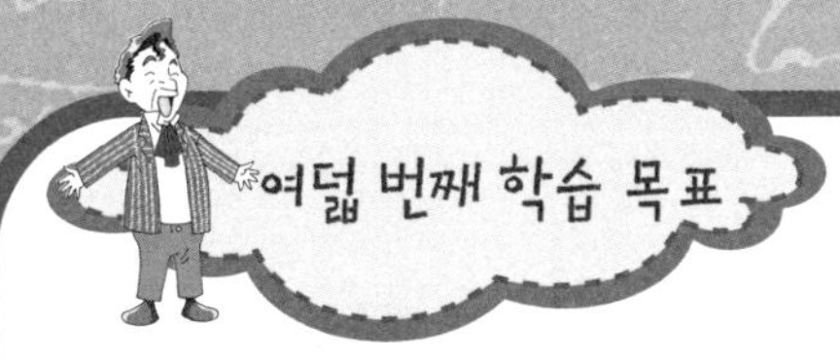

1. 그래프에서 변으로 연결된 두 꼭짓점을 서로 다른 색으로 칠하는 방법에 대해 알아봅니다.
2. 그래프를 이용하여 주어진 지도에서 인접한 영역을 다른 색으로 칠하는 방법에 대해 알아봅니다.
3. 그래프에서 꼭짓점을 적절하게 색칠하는 것을 응용문제에 적용해 봅니다.
4. 계획 세우기 문제를 해결하기 위하여 그래프를 이용하는 방법에 대해 알아봅니다.

미리 알면 좋아요

1. 4색 문제 1852년 영국 런던에 있는 유니버시티 대학의 대학원생이었던 구드리Francis Guthrie는 서로 이웃하는 지역은 다른 색을 칠하는 방법으로 영국의 지도에 있는 지역들을 4가지 색으로 칠할 수 있다는 사실을 알아냈습니다. 이후 당시 복잡한 유럽의 지도에서도 국경을 접하고 있는 두 나라를 서로 다른 색으로 칠하는 데 4가지 색이면 충분하다는 사실이 밝혀졌습니다. 이 문제를 '4색 문제'라고 하는데, 1878년 아서 케일리에 의하여 공식적으로 제기되었습니다. 이 4색 문제는 100여 년 동안 수많은 수학자들의 관심을 끌었으며 한동안 수학계에서 풀리지 않는 가장 유명한 문제 중의 하나가 되었습니다. 수년 동안 많은 수학자들을 괴롭히던 이 문제는 마침내 1976년 미국의 일리노이 대학교의 아펠과 하켄이 고속 컴퓨터를 사용하여 증명했습니다. 그 증명은 수백 페이지의 복잡한 내용으로 되어 있으며 1000시간이 넘는 컴퓨터 계산을 통해 이루어졌습니다. 하지만 수학자들은 컴퓨터를 이용한 이 증명법에 별로 공감을 표시하지 않고 있습니다. 수학자들은 문제가 단순한 만큼 그 증명도 '우아하고 단순할 것'이라고 생각하고 있습니다.

▨ 그래프 색칠하기

오일러는 자상해 보이는 아저씨와 함께 들어왔습니다.

여러분, 이 분은 창우 아버지세요. 오늘은 창우 아버지와 함께 수업을 하려고 합니다.

"여러분을 만나게 되어 정말 반갑습니다.

저는 무선통신 서비스를 제공하는 한 통신 회사의 기지국 건설을 담당하는 업무를 맡고 있어요. 이번에 저는 신도시에 6개의 기지국을 세워야 한답니다.

기지국이 무엇을 하는 곳인지는 알고 있나요?

먼저 회사에서는 기지국에 주파수를 할당하는데 기지국에서는 할당된 주파수를 사용하여 무선호출 단말기에서 수신한 정보를 무선호출 가입자가 수신할 수 있는 형태로 가공하여 안테나를 통해 공간에 전파하는 역할을 합니다. 이때 반경 200km안에 있는 기지국끼리는 서로 다른 주파수를 할당하죠.

제가 지금 나누어드린 종이에 그려진 그래프는 회사에서 건설하려고 계획하고 있는 6개의 기지국의 위치를 꼭짓점으로 하고, 반경 200km안에 있는 기지국끼리는 변으로 연결하여 그래프 모양으로 그린 기지국 설계도예요.

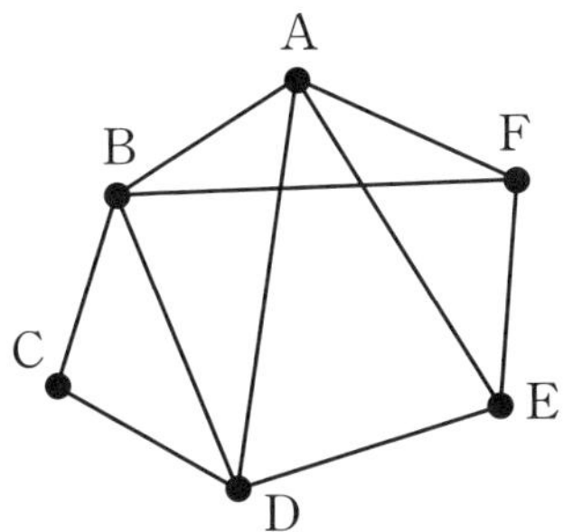

위의 그림과 같이 6개의 기지국을 세우는 데 회사에서 최소한 몇 개의 주파수가 필요할까요?"

여러분이 먼저 각 기지국에 할당한 서로 다른 주파수를 색깔을 다르게 하여 각 기지국에 칠해 보세요. 어떤 방법으로 색을 칠했나요?

오일러는 아이들이 색을 칠하는 것을 한참 동안 지켜보았습니다.

가장 먼저 창우가 손을 들고 자신이 색칠한 방법에 대해 설명을 했습니다.

"변으로 연결된 기지국, 아니 두 꼭짓점은 서로 다른 주파수를 사용하므로 서로 다른 색으로 칠하고, 변으로 연결되지 않은 꼭짓점에는 같은 색을 칠했어요. 그러면 다음과 같이 3가지 색만으로 칠할 수 있어요"

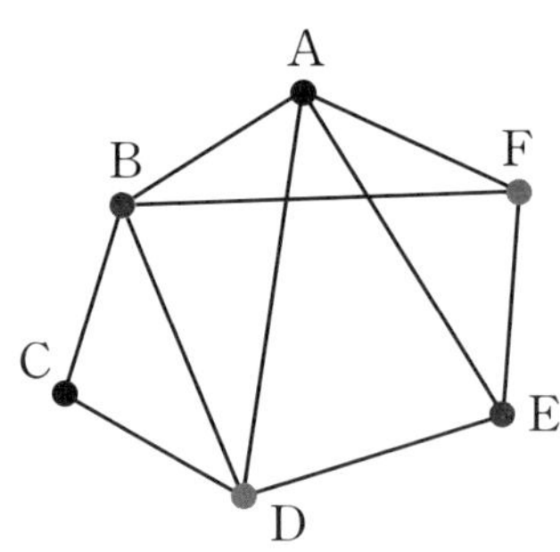

건우가 창우와 다른 방법으로 색을 칠했다고 이야기했습니다.

"저도 창우와 같이 3가지 색만으로도 색을 칠할 수 있었어요. 하지만 색을 칠하는 방법이 달라요. 먼저 꼭짓점 B와 E에 회색을 칠하고, C와 A에는 보라색을, D와 F에 검은색을 칠했거든요."

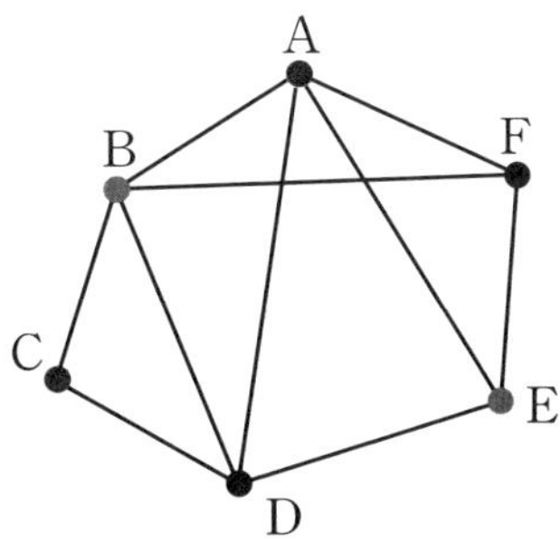

그래요. 그래프의 꼭짓점에 색을 칠하는 경우, 실제로 색을 칠해 보면 색칠할 최소의 색의 수는 같지만 건우와 창우처럼 칠하는 방법은 서로 다를 수 있어요.

지도 색칠하기와 그래프

그래프에 색칠하는 문제는 '세계 지도를 만들 때 서로 국경을 공유하는 국가들을 서로 다른 색으로 칠하여 구별하기 위해 필요한 최소 색의 수는 몇 가지일까?' 라는 질문에 대한 답을 구하는 데도 활용됩니다. 세계 지도는 너무 방대하므로 여기에서는 서울특별시의 25개 구에 대해 알아보기로 하겠습니다.

서울특별시 지도의 25개 구를 서로 다른 색으로 칠하여 구별할 때 필요한 최소 색의 수는 몇 가지일까요? 또 필요한 최소 색의 수는 어떻게 구할 수 있을까요?

서울특별시의 25개 구를 모두 색칠하는 것이 역시 복잡해 보

이죠? 그래서 우선 일부 지역을 선택하여 색칠하는 최소 색의 수를 알아본 다음, 25개의 구를 색칠하는 최소 색의 수를 구해 보도록 하겠습니다.

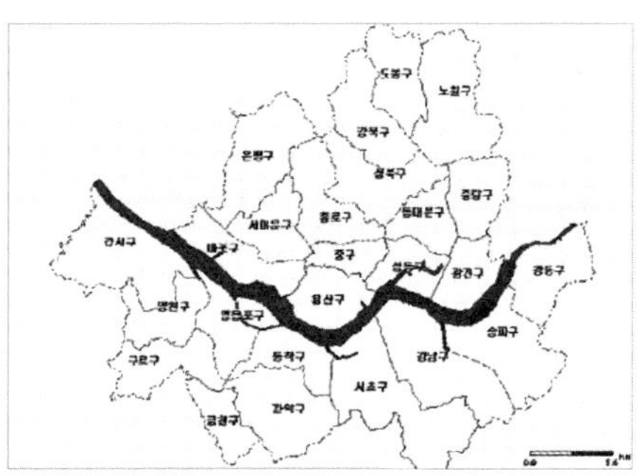

다음은 서울특별시의 북쪽에 위치한 7개의 구만을 나타낸 지도입니다. 서로 인접하는 두 지역이 구분되도록 서로 다른 색을 사용하여 색칠해 봅시다.

오일러는 위의 지도가 그려진 종이를 아이들에게 나누어 주고

직접 색칠해 보도록 하였습니다. 색칠을 끝낸 아이들은 각자의 것을 칠판에 붙이고 서로 비교해 보도록 하였습니다.

여러분이 색칠한 것을 보니 7개 구에 각각 다른 색을 칠하여 7가지 색을 사용한 학생이 있는가 하면 6가지, 5가지, 4가지의 색을 사용하여 칠한 학생들도 있군요. 이 중에서 5가지, 4가지 색을 사용한 것을 골라보면 다음과 같아요.

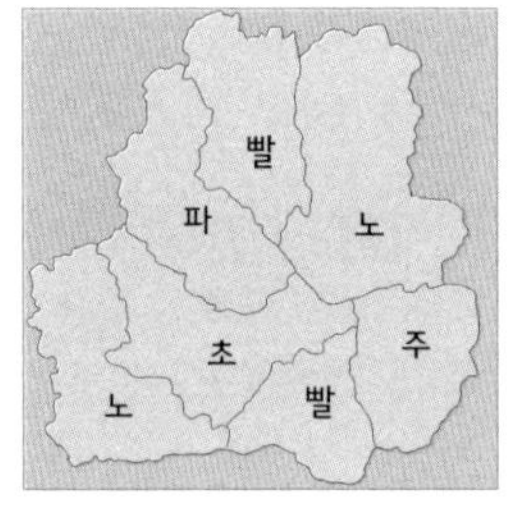

빨강, 파랑, 노랑, 주황, 초록

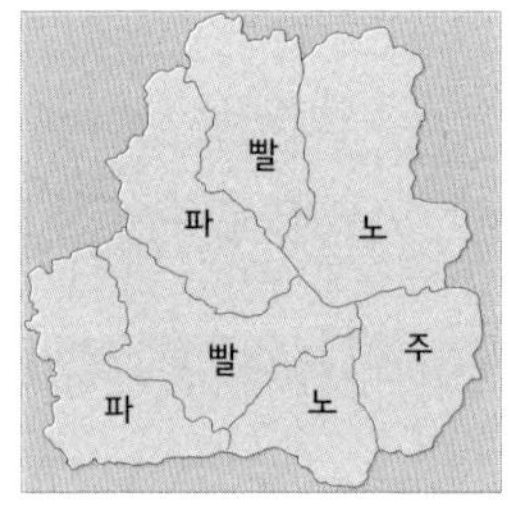

빨강, 파랑, 노랑, 주황

옆에서 조용히 오일러의 이야기를 듣고 있던 다은이가 손을 번쩍 들었습니다.

"선생님, 저는 3가지 색을 사용해서 칠했어요. 빨강, 노랑, 파랑색만으로도 충분히 칠할 수 있어요."

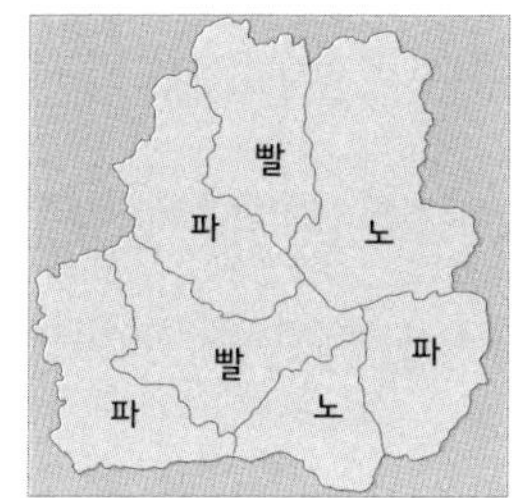

빨강, 노랑, 파랑

그렇군요. 그럼 7개 구를 색칠할 수 있는 최소의 색은 3가지군요.

"그런데 지도를 색칠하기 위해 매번 이렇게 직접 색칠을 해 보는 방법밖에는 없을까요?"

그렇지 않답니다. 쾨니히스베르크의 프레겔 강 주변 지역과 다리 문제를 그래프를 이용하여 간단하게 해결했듯이 이 지도 색칠하기 문제 역시 그래프를 이용하여 간단히 해결할 수 있어요.

자! 이 문제에도 도전해 볼까요?

먼저 주어진 지도를 그래프로 간단히 나타내야겠죠?

지도의 각 구역에 색칠을 해야 하므로 각 면에 꼭짓점을 대응시키고, 두 개의 면이 서로 인접해 있으면서 두 면에 대응시킨 꼭짓점을 변으로 연결하여 그래프로 그려 보면 다음과 같아요.

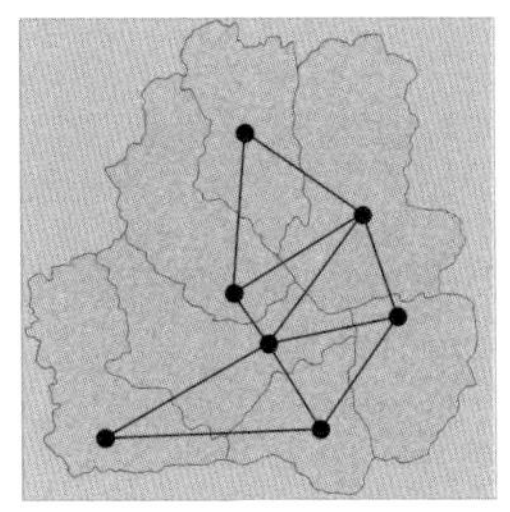

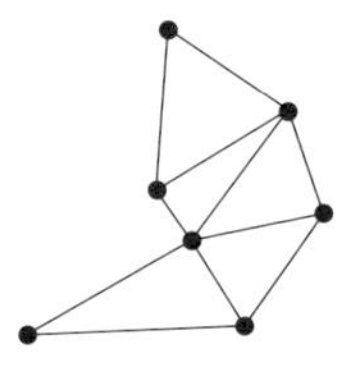

- 지도에서 한 영역
  →그래프에서 꼭짓점
- 지도에서 두 영역이 인접
  →그래프에서 두 꼭짓점을 변으로 연결

주어진 그래프를 적절하게 색칠해 보면 다음과 같이 최소 3가지의 색을 사용하여 칠할 수 있어요. 따라서 3가지 색으로 앞의 지도에서 인접한 영역을 서로 다르게 색칠할 수 있음을 확인할 수 있습니다.

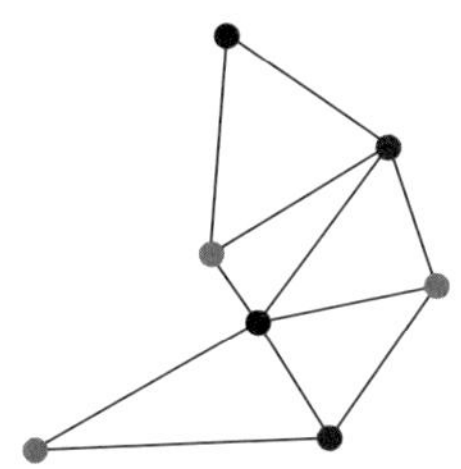

여기에서도 보다시피 실제로 그래프의 꼭짓점을 색칠하는 문제는 바로 이 지도 색칠하기 문제에서 나왔답니다.

그렇다면 서울특별시 전체 지도를 색칠하려면 최소 몇 가지의 색이 필요할까요?

이를 알아보기 위해 지도를 그래프로 나타내면 다음과 같아요.

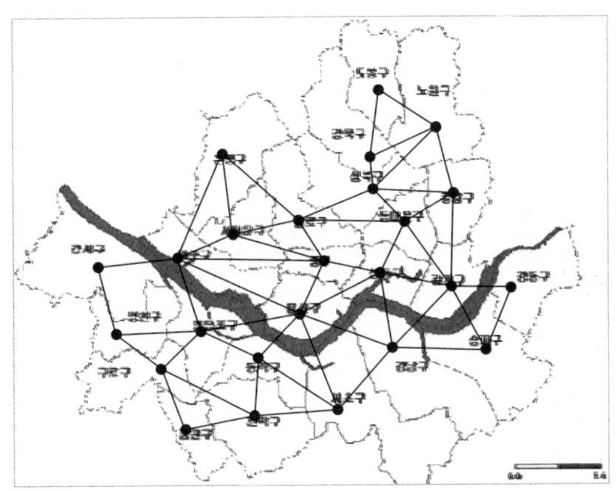

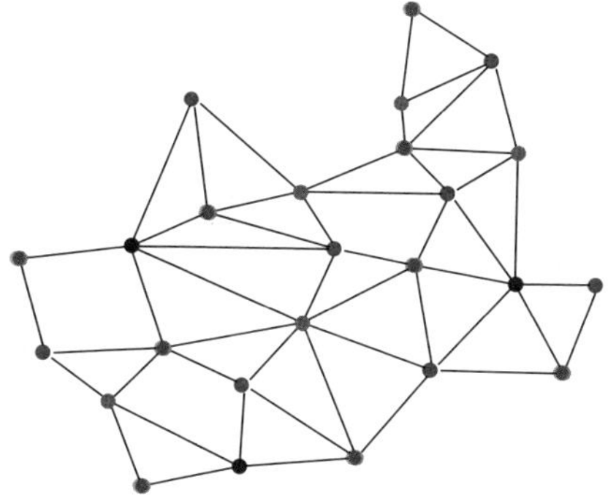

이 그래프는 보라색, 가지색, 회색, 검은색의 4가지만으로도 충분히 색칠할 수 있어요. 이것은 이 그래프를 색칠하는 데 필요한 최소 색의 수가 4가지라는 것을 의미합니다.

서울특별시의 25개나 되는 구를 단지 4가지 색깔로 색칠할 수 있다니! 믿기지 않겠지만 실제로 칠해 보면 바로 확인할 수 있답니다.

이번에는 오일러가 학생들을 옆방으로 데리고 갔습니다. 옆방에는 10개의 수조에 8종류의 물고기 A, B, C, D, E, F, G, H

가 각각 2마리씩 들어 있었습니다.

문제

16마리의 물고기를 수조에 넣어 물고기 전시실로 옮기려고 합니다. 그런데 물고기 사이에는 다음과 같이 먹이 사슬 관계가 있습니다.

잡아먹는 물고기	잡아먹히는 물고기
A	D, E
B	C, E, G
D	G, F
F	A, C
H	C, D

그래서 잡아먹는 물고기와 잡아먹히는 물고기는 같은 수조에 넣을 수 없다고 합니다. 16마리의 물고기를 안전하게 옮기려면 최소 몇 개의 수조가 필요할까요?

8종류의 물고기를 꼭짓점으로 하고, 서로 먹이 사슬 관계가 있는 두 물고기를 변으로 연결하여 그래프로 나타내면 다음과 같아요.

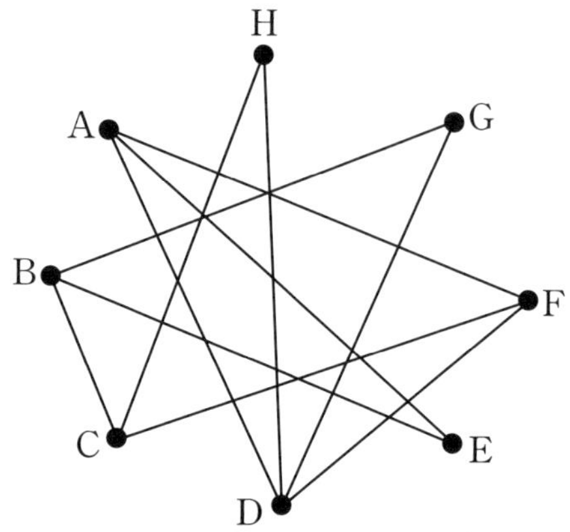

이때 먹이 사슬 관계가 있는 물고기끼리는 같은 수조에 담을 수 없으므로 변으로 연결된 두 꼭짓점은 서로 다른 색으로 칠해야 합니다.

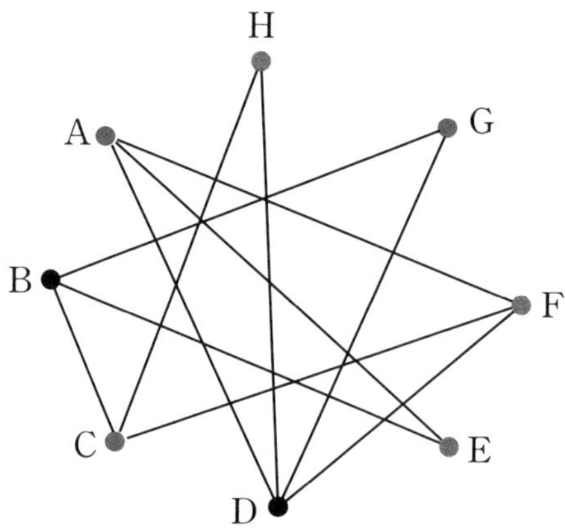

따라서 그래프를 적절하게 색칠하는 데 필요한 최소 색의 수가 3이므로 최소 3개의 수조가 필요합니다.

▨ 계획 세우기의 해결사, 그래프

물고기 문제가 해결되자 다은이가 주저하면서 질문을 하였습니다.

"선생님, 저희도 해결하지 못한 문제를 하나 가지고 있는데요. 친구들과 이야기를 해 본 결과 그래프를 이용하면 좋을 것 같다는 결론을 내렸어요. 그런데 어떻게 하면 되는지 그 방법을 잘 모르겠어요. 조금만 도와주세요."

그래요? 그럼 여러분을 괴롭히고 있는 문제에 대해 들어볼까요?

오일러 역시 궁금해 하며 질문을 재촉하였습니다.

저희 반 친구들은 올 가을에 열리는 학교 축제에서 연극을

하려고 합니다. 그래서 친구들과 의논하여 연극을 하는 데 필요한 일과 그 일을 하는 데 필요한 시간 및 일의 순서 관계를 다음과 같이 표로 나타내 보았어요. 연극을 마치기까지 최소 몇 시간이 필요할까요?

	일	일을 하는 데 걸리는 시간	먼저 행해져야 할 일
A	작품 선택	6	없음
B	배우 결정	4	A
C	포스터 제작	5	A, B
D	연습	18	B
E	무대 설치	11	A
F	홍보	3	C, D, E
G	공연	1	F

이야기를 듣고 보니 여러분이 그래프와 최적화에 대해 제대로 공부한 것 같군요. 그래프를 이용하여 문제를 해결하기로 한 생각은 매우 좋아요.

그렇다면 먼저 이 복잡한 상황을 그래프로 나타내야겠군요.

이번에는 각 작업을 꼭짓점으로 나타내고, 변의 경우는 작업의 순서를 생각해야 하므로 한 작업 ★가 다른 작업 ♠보다 먼저 행해져야 하면 꼭짓점 ★에서 꼭짓점 ♠으로 가는 화살표로 나타내기로 해요. 또 그래프를 그리면서 각 꼭짓점에 그 작업을 마치는 데 필요한 작업 시간을 써넣으면 다음과 같이 나타낼 수 있어요.

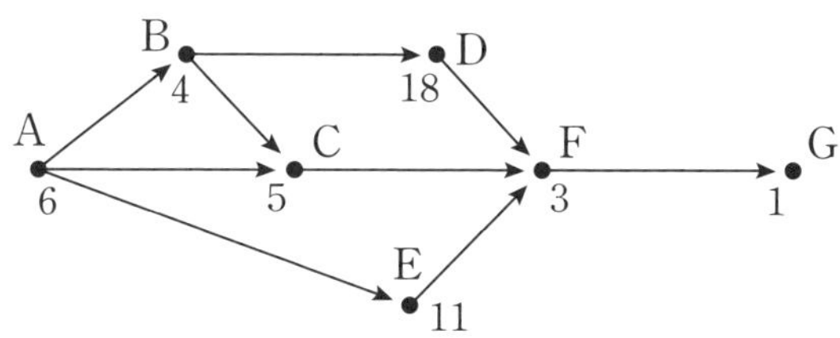

이와 같이 선후 관계가 있는 여러 작업의 경우 그래프로 나타내면 작업 일정을 쉽게 파악할 수 있어요.

그래프에서 A에서 G까지의 모든 경로와 각 경로의 꼭짓점 값의 합을 구하면 다음과 같습니다. 이때 꼭짓점의 값은 작업에 걸리는 시간을 의미하므로 꼭짓점 값의 합은 각 경로에 따른 작업 시간의 합과 같아요.

A → B → D → F → G : 6+4+18+3+1 = 32시간
A → B → C → F → G : 6+4+5+3+1 = 19시간
A → C → F → G : 6+5+3+1 = 15시간
A → E → F → G : 6+11+3+1 = 21시간

따라서 전체 작업을 마치기 위해 필요한 최소 시간은 각 경로의 작업 시간 중 가장 긴 경우, 즉 A → B → D → F → G의 꼭짓점 값의 합인 32시간입니다.

여기에서 전체 작업을 마치는 데 필요한 최소 시간 수는 표에 나타난 모든 작업 시간인 48시간과는 일치하지 않아요. 그것은 전체 작업을 진행하는 과정에서 서로 다른 경로 위에 있는 작업 B와 E, D와 E, C와 E는 동시에 진행함으로써 작업 시간을 줄일 수 있기 때문이에요.

어때요, 여러분의 질문에 충분한 답변이 되었나요?

여러분이 질문한 이런 유형의 문제를 계획 세우기의 문제라고 해요. 이 경우에 선후 관계가 있는 여러 가지 작업을 마치는 데 필요한 최소의 시간은 다음과 같은 순서로 구하면 편리합니다.

① 각 작업을 꼭짓점으로 나타낸다.
② 한 작업 ●가 다른 작업 ◆보다 먼저 행해져야 하면 꼭짓점 ●에서 꼭짓점 ◆로 가는 변을 화살표로 나타낸다.
③ 각 꼭짓점에 그 작업을 마치는 데 필요한 작업 일시간 수를 나타낸다.
④ 모든 작업을 마치기 위해 필요한 최소의 날시간 수는 시작에서 마지막 작업까지의 경로 중에서 작업 시간이 가장 긴 경로에 나타난 시간을 모두 더한 것이다.

계획 세우기의 문제는 건축이나 조경, 전시회나 연극 공연 일정, 전산망의 구축 등 우리 생활의 거의 모든 계획과 시행 과정에서 활용될 수 있습니다.

계획 세우기의 또 다른 문제를 앞의 순서에 따라 해결해 보기로 해요.

문제

장난감 회사에서는 새로운 장난감 차를 만들기로 하고 계획을 세웠어요. 다음은 장난감 차를 만들기 위해 필요한 작업과 각 작업에 걸리는 시간, 작업의 순서 관계를 나타낸 것이에요. 첫 번째 장난감이 만들어지기까지 최소 며칠이 걸릴까요?

작업	A	B	C	D	E	F	G	H
작업 일 수	3	6	5	5	3	9	5	2
선행 작업	없음	D, F	A	A,C,E	A	G, H	H	없음

먼저 각 작업과 작업 순서를 그래프로 나타내 보면 다음과 같아요.

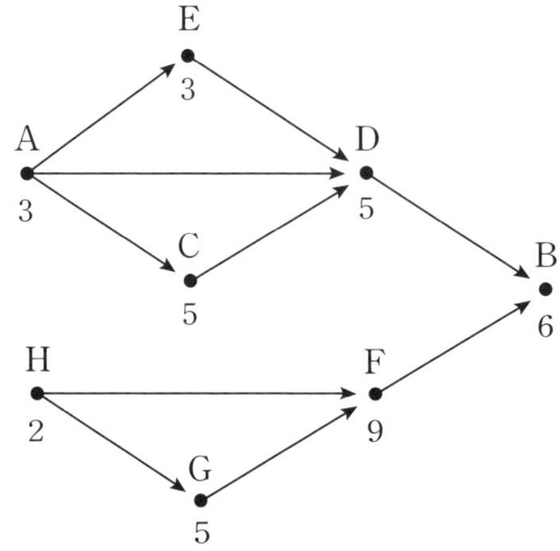

그래프를 살펴보면 전체 작업 시간은 A 또는 H에서 작업을 시작하면 B에서 끝나므로 A에서 B까지의 경로와 H에서 B까지의 경로 중 작업 시간이 가장 긴 경로를 찾으면 됩니다.

그러면 A에서 B까지의 경로, H에서 B까지의 경로와 각 경로의 작업 일 수를 구해 보기로 해요.

A → E → D → B : 3+3+5+6 = 17일

A → D → B : 3+5+6 = 14일

A → C → D → B : 3+5+5+6 = 19일

H → F → B : 2+9+6 = 17일

H → G → F → B : 2+5+9+6 = 22일

따라서 첫 번째 장난감이 만들어지기까지는 최소 22일이 걸립니다.

그래프를 이용하니까 많은 문제를 매우 간단하고 쉽게 해결할 수 있죠? 바로 이런 점이 그래프를 활용하는 최대 장점이랍니다.

여덟 번째 수업 정리

1 변으로 연결된 모든 꼭짓점을 서로 다른 색으로 칠할 때, 그래프를 적절하게 색칠한다고 합니다. 예를 들어, 다음 그림과 같이 그래프를 적절하게 색칠할 수 있는 최소 색의 수를 구하는 것입니다.

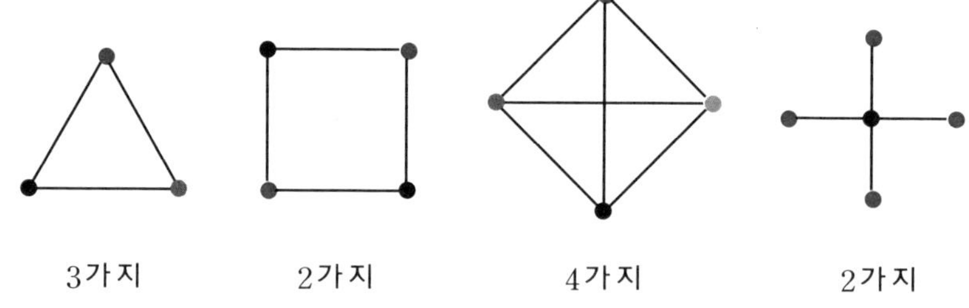

3가지 2가지 4가지 2가지

2 **그래프를 이용하여 지도 색칠하기**

- 평면상에 어떤 지도가 있을 때, 그 지도로부터 다음과 같은 방법으로 그래프를 만들 수 있습니다.

  ① 각 영역면에 꼭짓점을 대응시킵니다.

② 두 개의 영역면이 서로 인접해 있으면 두 면에 대응시킨 꼭짓점을 변으로 연결합니다.

• 지도에서 인접한 영역을 다른 색으로 칠하는 문제는 새로 생성된 그래프를 적절하게 최소의 색으로 색칠하는 문제와 같습니다.

❸ 선후 관계가 있는 여러 가지 작업을 마치는 데 필요한 최소의 시간은 다음과 같은 순서로 구하면 편리합니다.

① 각 작업을 꼭짓점으로 나타냅니다.

② 한 작업 ●가 다른 작업 ◆보다 먼저 행해져야 하면 꼭짓점 ●에서 꼭짓점 ◆로 가는 변을 화살표로 나타냅니다.

③ 각 꼭짓점에 그 작업을 마치는 데 필요한 작업 일시간 수를 나타냅니다.

④ 모든 작업을 마치기 위해 필요한 최소의 날시간 수는 시작에서 마지막 작업까지의 경로 중에서 작업 시간이 가장 긴 경로에 나타난 시간을 모두 더한 것입니다.